# 在清华等你

## 清华送给青少年的礼物

会婷 著

天津出版传媒集团

天津科学技术出版社

图书在版编目（CIP）数据

在清华等你：清华送给青少年的礼物 / 会婷著. --
天津：天津科学技术出版社，2022.2（2022.8 重印）
ISBN 978-7-5576-9833-1

Ⅰ.①在… Ⅱ.①会… Ⅲ.①成功心理 – 青少年读物
Ⅳ.① B848.4–49

中国版本图书馆 CIP 数据核字（2022）第 014089 号

---

在清华等你：清华送给青少年的礼物
ZAI QINGHUA DENGNI QINGHUA SONGGEI QINGSHAONIAN DE LIWU

| | |
|---|---|
| 策 划 人： | 杨 譞 |
| 责任编辑： | 杨 譞 |
| 责任印制： | 兰 毅 |
| 出　　版： | 天津出版传媒集团<br>天津科学技术出版社 |
| 地　　址： | 天津市西康路 35 号 |
| 邮　　编： | 300051 |
| 电　　话： | （022）23332490 |
| 网　　址： | www.tjkjcbs.com.cn |
| 发　　行： | 新华书店经销 |
| 印　　刷： | 河北松源印刷有限公司 |

---

开本 880×1230　1/32　印张 6　字数 130 000
2022 年 8 月第 1 版第 2 次印刷
定价：39.80 元

# 前言
## PREFACE

　　普通大学如果进行自我宣传,首先提到的往往是美丽优雅的校园环境、耗资巨大的教学楼和先进设备、声名远播的名誉教授,等等。清华大学不必如此,她只需提及无数优秀校友中的任意几名,如杨振宁、钱三强、华罗庚、钱钟书、季羡林、张朝阳、卢庚戌等,就足以让人产生崇敬之感和殷殷向往之情。从本质上讲,大学最伟大的成就莫过于培养出众多优秀的、卓越的、顶尖级的人才,正是这些人才让大学产生真正的影响力,让天下的学子们神往。

　　不可否认,百年清华能够培养出如此之多的顶尖级人才,不仅仅在于其课堂上传授的知识,更在于其在承载了厚重历史的前提下、在岁月中沉淀下来的引人深思的智慧。这些智慧潜藏在清华园的各个角落和师生生活的每一个细节之中。在其灵秀之气中长期耳濡目染,人

们便会于不知不觉中脱胎换骨，进入一种高素质、高水平、高格调的境界。这正如杜甫诗中所写："随风潜入夜，润物细无声"。

事实上，不仅清华人，几乎所有在人类历史上留下名字的人，使用的无不是智慧这把能穿透岁月的利刃。

本书讲述了百年清华流传下来的大师们的逸事，虽然一件一件看来，或许微不足道，但是整本书读过，你会感到自己仿佛置身于清华的校园之内。本书中的故事或感人或愉人，读时会令你不能自已地或数行泣下、或笑逐颜开，但是，哭过笑过之后，你总能领会到一些不可言传的东西，你的身心总会随之发生或大或小的变化，你能体会到成功的规律、生命的本质以及世间的许多真相。

当代青少年可以通过本书铸就优秀品质，并树立起明确的精英意识，学会在学习和生活中自我选择，自我塑造，为成长为社会精英打下坚实的基础。

# 目录
CONTENTS

### 第一辑
## 将根基扎于磐石之上

最后的遗言：中国哲学将来一定大放光彩............002
朱自清：要挤出棉袄里的"怕"来............................004
陈寅恪：闲不住的"自圣狂"....................................005
赵元任：没有调查就没有发言权................................007
"战士死于沙场，学者死于讲坛"............................008
实事求是的吴有训........................................................010
言有易，言无难............................................................011

## 第二辑
## 为人生立一座道德的丰碑

梅校长一生清白照人间 ...... 014
朱先生的"被解聘梦" ...... 016
以德服人 ...... 017
"浪子回头金不换" ...... 019
饿死事小，失节事大 ...... 020
陈达教授的胸襟 ...... 023
在陈寅恪家做客的礼节 ...... 025
吴宓聘请王国维 ...... 026
谦虚的大师们 ...... 027
季羡林谈容忍 ...... 029
叶企孙：我请的教授个个都比我强 ...... 031

## 第三辑
## 完善的人格是人生的最高学府

费孝通谈己 ...... 034
季先生的人格魅力 ...... 035
像钱钟书一样做完整的人 ...... 037
天下兴亡，匹夫有责 ...... 038

吴宓：敢于"逆潮流"而动的大勇者 ...................... 040
做值得信任的人 ...................................................... 041
梁启超的毅力 ...................................................... 043
甘做红花衬绿叶的梅贻琦 ...................................... 044
清华园中第一个承认鲁迅的教授 .......................... 045
梁思成最委屈的设计 .............................................. 047
没有学问的人，到处都要被人轻视的 .................. 049
言而有信真君子 ...................................................... 050

### 第四辑
## 屹立于苦难的废墟之上

西南联大的故事 ...................................................... 054
与联大同舟共济的梅校长 ...................................... 056
定胜的信念 .............................................................. 058
天高任鸟飞 .............................................................. 059
跑警报的逸事 .......................................................... 061
化悲痛为力量的费孝通 .......................................... 062
人生没有过不去的坎 .............................................. 065
失败乃成功之母 ...................................................... 067

## 第五辑
## 打造自强不息的英雄本色

自强不息天行健 ..................................................070

从工字厅到国立清华大学 ..................................071

自信才是决定性的因素 ......................................073

身残志不残的华罗庚 ..........................................074

为了让中国人用电脑更方便 ..............................076

我的祖国需要电子管 ..........................................078

初生牛犊不怕虎 ..................................................079

不惧权威的王国维 ..............................................081

## 第六辑
## 独立思考展现真理的光芒

喜欢唱对台戏的华罗庚 ......................................084

敢向大师叫板的张荫麟 ......................................085

教我如何不想她 ..................................................087

赵元任的特色婚礼 ..............................................088

以群为体，以变为用 ..........................................090

2+5=10000 ............................................................091

梁启超对联认错 ..................................................093

索性做个语言学家比任何其他都好 ..................094

梁启超的一次演讲..................................096

## 第七辑
## 用理性执掌人生的方向

智慧的价值..................................100
沉着冷静的邓稼先..............................101
慧眼识英才的美谈..............................103
用理性来尊重事实..............................105
适合的就是最好的..............................107
科学严谨的治学态度............................109
事实胜于雄辩..................................111

## 第八辑
## 耕耘人生的每一寸土地

所谓的天才....................................114
从小心怀大志的杨振宁..........................115
高标准打造出高品质............................116
刻苦学习的华罗庚..............................118
奖掖后学，不遗余力............................120
做事之余勤学不辍..............................121

## 第九辑
## 让知识成为我们人生的灯塔

读万卷书、行万里路的潘光旦 ......124

艺多不压身 ......126

耳闻不如口读 ......128

苦心孤诣的书虫 ......129

马兰花与呱呱鸡 ......131

南方淫雨不知是否损禾 ......132

顽童哲学家 ......134

吾爱吾师、吾更爱真理 ......136

能力高于学历 ......138

## 第十辑
## 治出自己的处世哲学

人不可貌相 ......142

热心肠的钱钟书 ......143

化干戈为玉帛 ......145

言传身教 ......147

惜将爱才的联大教授 ......148

只不过是一个误会而已 ......150

以其人之道，还治其人之身 ......151

对事不对人 ......153

## 第十一辑
### 绽放美好的情感人生

爱的真谛..................................156

人生无处不浪漫..........................157

问世间情为何物..........................158

顾毓琇求的赤子深情......................161

人生难得一知音..........................162

良师益友情可贵..........................164

月是故乡明..............................165

闻一多的七子之歌........................167

## 第十二辑
### 心怀博大的人文情怀

考虑到祖国的荣誉........................170

季羡林拍公益广告........................171

爱国忧民的华罗庚........................172

走出半人时代............................174

中国数学的幸运..........................175

第一辑

# 将根基扎于磐石之上

人立足于世的根本是什么?这是所有人必须解决的第一个问题,因为人必须为自身的生存找到凭借和依据。冯友兰先生说"累是累点,不以为苦",朱自清先生说"各凭良心",这两条可以视为清华对此问题的答案。敬业是最朴实的智慧,良心是最根本的生存法则,只有凭借这两点,才能将人生大厦的根基打牢。

# 最后的遗言：中国哲学将来一定大放光彩

曾任清华大学文学院院长的冯友兰先生做学问达到了忘我的境界，他晚年把全部的精力都放在著书立说上。女儿宗璞在回忆父亲时说道：

1980年，我的父亲开始撰写《中国哲学史新编》这部书，当时他已是85岁高龄，视力很弱，身边的人都无法看清。除短暂的社会活动之外，他每天上午都在书房度过。他的大脑便是一个图书馆，中国几千年来的哲学思想的发展在他头脑里十分清楚：那是他一辈子研究的结果。

父亲在最后十年的生命中编成了《中国哲学史新编》这部书。他一点一滴、一字一句，用口授方式写成了这部150万字的大书，可谓学术史上的奇迹。有朋友来探望时，看到他老人家很累，便规劝："能不能不要写了？"父亲微叹道："累是累点，可是我并不以为苦，这是欲罢不能。我想，这就是春蚕到死丝方尽，蜡炬成灰泪始干吧！"

除此之外，我父亲的专注和执着更让人感动。他在生命的最后两年中不能行走、不能站立，起居均需人帮助；咀嚼也困难，进餐需人喂，有时要用一两个小时。但这一切，都阻挡不了他的哲学思考。有一次，因心脏病发作，我们用急救车送他去医院。

他躺在病床上，断断续续地说："现在有病要治，是因为书没有写完，等书写完了，有病就不必治了。"

当时，我为这句话大恸不已，现在想来，那时境的父亲确如丝已尽、泪已干，即使勉强治疗也是支撑不下去的；而精神上却是丝未尽、泪未干，最后的著作没有完成，那生命的灵气绝不肯离去。他最后的遗言是"中国哲学将来一定会大放光彩"，这句话是用他整个生命说出来的。

父亲久病后，偶然颤巍巍地站立，让人想起风烛残年这几个字。烛火在风中摇曳，可以随时熄灭，但父亲的精神之火却是不会熄灭的。他是那样顽强、坚韧，那样丰富，不燃尽生命的脂膏他绝不离去——只为，他那么钟爱的事业。

## △点石成金：

"春蚕到死丝方尽，蜡炬成灰泪始干"，冯友兰的这种敬业尽责、为追求真理鞠躬尽瘁的精神的确可叹亦可敬。"敬业"和"尽责"是最朴实的智慧，它能够帮助青少年朋友琢磨自己的品格，激励你永不停歇地学习功课、探索真知。你只有现在就做到这一点，将来才能成为社会的脊梁。

## 朱自清：要挤出棉袄里的"怕"来

1926年3月18日，北大、清华等校的学生和全国各界民众在天安门前举行"反对八国通牒国民示威大会"，抗议帝国主义对我国的侵略。会后，集会群众举行了示威游行，但却遭到段祺瑞政府的血腥屠杀。这一天，朱自清和清华同学也一同参加了集会、游行和请愿，并亲身经历了这一历史惨剧，目睹了这场大屠杀。事后他愤慨而又忠实地写下了《哀韦杰三君》和《执政府大屠杀记》两篇文章，记述了这一惨案的全过程，揭露和控诉了段祺瑞政府的暴行。文中愤怒斥责："我们国民有此无脸的政府，又何以自容于世界！"他对学生们的英勇行为则表达了真正的钦佩之情。

朱自清在赞扬别人勇敢的同时，也真诚地解剖了自己。他说："我想，人处于这样的境地若能从怕的心态转变成兴奋的心态，才是真正能救人的人。我呢，这次是因为怕而变得木木然，实在是很可耻，但我希望我的经验能使我的胆量逐渐增强！"他坦率地承认自己是"怕"的，也不曾为自己这种"怕"寻找任何开脱的理由，而是老老实实地承认这种怕"实在是可耻的"。这种老实态度，正是他为人诚朴正直的地方，也是他一生中一个突出的特点，而且他一辈子都以此为做人的原则。

◁ **点石成金：**

正如苏格拉底所说："没有经过反省的生命，是不值得活下去的。"其实，犯了错误不是什么可耻的事，即使像朱自清这样留名青史的伟大学者和作家也曾在强权的面前"怕"过，那么处在成长期、身心还没有发育成熟的青少年在生活中犯些错误就更加难免了。问题的关键是，当你犯了错误之后，你有没有像朱自清那样自我解剖和承认错误的勇气。如果有，那么你与大人物的距离就缩短了。

# 陈寅恪：闲不住的"自圣狂"

清华大学校内的林荫道上，在来来往往的人流中，有时会见到一个身着长袍、朴素无华、腋下夹着一个布包的人。不认识他的人，可能会把他看成是琉璃厂某一个到清华来送书的书店老板。这个人就是名扬海内外的大学者——陈寅恪。

抗战结束后清华大学恢复正常的教学，双目失明的陈寅恪为自己的书斋取名为"不见为净之室"。历史系主任雷海宗来看望陈寅恪，见他体弱多病、双目失明，便劝他暂时不要开课，先休养一段时间，搞搞个人研究。陈寅恪马上回答："我是教书匠，不教书怎么能叫教书匠呢？我要开课，至于个人研究，那是次要的事情。我每个月薪水不少，怎么能光拿钱不干活呢？"

陈寅恪一生都是这样。他的教学水平是相当高的，例如他讲授晋、南北朝、唐史几十次，但每次的内容都有新的，侧重也并不完全相同。他备课、讲课又极为认真，一丝不苟，哪怕是一个字的错误也从不放过。每讲完一次课，他都感到极其劳累。

陈寅恪总是用他的生命去做他认为应做之事、平常之事，这就是"怎能不干活"的深刻含义。在1929年5月写的题为《北大学院己巳级史学系毕业生赠言》一诗中，他写道：

"天赋迂儒'自圣狂'，读书不肯为人忙。平生所学宁堪赠，独此区区是秘方。"

## △点石成金：

很多人都渴望闲，渴望舒适和安逸，但是舒适和安逸能否带来人生的真正幸福？史学大师陈寅恪的故事给了我们最好的答案。"渴望闲"和"闲不住"是做人的两种不同的境界。"渴望闲"是庸人的境界，庸人的人生被浪费、被虚度，活过与没活过没有区别。"闲不住"是高人的境界，高人的人生被珍视、被充实，在历史的道路上留下了自己的印记。青少年朋友的人生刚刚开始，做哪一种人，你可以自己选择。

# 赵元任：没有调查就没有发言权

1927年春天，赵元任在清华大学研究所担任指导老师，当时经常到江、浙两省专门调查当地的吴语方言。总是一天跑好几个地方，边调查边记录，找不到旅馆就住在农民家里。一次，他和助手夜间从无锡赶火车去苏州，但只买到硬板椅的四等车票。赵元任由于过度疲劳，上车后躺在长板座上就呼呼地睡着了。醒来时，满车漆黑，往外一看，才知道前面几节车厢已开走，把这节四等车厢甩下了。助手问他怎么办，他说："现在反正也找不到旅馆，就在车上睡到天亮吧！"助手见他身体虚弱，劝他每天少搞点调查，多一些时间用来休息，但他却诙谐地说："搞调查就是要辛苦些、抓紧些，否则咱们不能早点回家呀！将来不是要更费时间，也更辛苦吗？"

在那次调查吴语的行动中，他不辞劳苦，冒着严寒，辗转往复，深入群众，多访广纳，记录了大量的当地方言。3个月后，结束调查回到北京，他把调查的材料写成一本《现代吴语研究》。在出版此书时，语音符号必须采用国际音标，但是由于当时的印刷厂没有字模，他和助手就自己用手写，画成表格影印，每天工作10小时以上。这本书的出版，为研究吴语和方言做出了极为可贵的贡献，赵元任也由此成为我国方言调查的鼻祖。

△**点石成金：**

如果有人没有看过某本书就对它发表评论，那么你肯定不会相信和赞同他的观点。同样的道理，如果你对某个问题没有充分的认识和了解就轻率地得出某种结论，那么你的结论一定也没有说服力。这就是我们通常所说的"没有调查就没有发言权"，道理很好理解，但真正不辞辛苦、排除万难地做到却很难。在这方面，清华大学的语言学专家赵元任先生显然为我们树立了很好的榜样，他的这种严谨认真的治学态度值得青少年朋友们学习。

## "战士死于沙场，学者死于讲坛"

1929年，清华国学"四大导师"之一的梁启超不幸身患重病，请了西医来诊治，效果并不是很好。他的入室弟子谢国桢看到老师病情日渐加重，就将自己弟弟的岳父——驰名中华的四大名医之一萧龙友引荐前来为他诊治。

萧龙友登门诊治两次后，便改为由谢国桢用信详细描述梁启超的病情，用通信的方式互相联系，再由萧先生开处方对症下药。经过萧先生的精心治疗，梁启超的病情大为好转。正当家人亲友松了一口气时，梁启超的病情却突然出现反复、再次加重，主要原因是他丝毫不顾惜自己的身体，依然日夜苦读、忧国忧民。

情急之下，谢国桢再次将老师的实际情况写信告诉萧龙友。

这位老中医非常重视，马上回信说，要想治好梁启超的病并不难，俗话说"三分看病七分养"，光靠药力是没有用的，要想彻底恢复健康，必须停止劳神费心的工作，读书治学更应禁止。不然，即使是扁鹊再生，怕也是无能为力了。

谢国桢将这封言辞恳切的信送给老师看，满心希望梁启超能听从医生的劝告，放下书本，积极治疗。没有想到，梁启超看完信后，不但没有采纳老中医的意见，还气宇昂扬地说道："战士死于沙场，学者死于讲坛。"简简单单的一句，听得谢国桢目瞪口呆，连连叹气。对此，老中医也深感无可奈何。

此后，梁启超依然抱病读书治学，关心家国大事，劳心劳力，常常读书著书到深夜，他的身体也越来越弱了。不久之后，梁启超——这位信奉应该像死在沙场上的战士一样的大学者，在北京与世长辞，死在他毕生致力的学术研究上。

## △点石成金：

也许只有读了梁启超为学术和国家"死而后已"的故事，我们才真正明白，《后汉书》中讲到的那种"马革裹尸"的悲壮绝不仅仅限于沙场。三尺讲坛之上，大师和学者的信念之中，我们仍然能够找到此种豪情壮志。"世界上一定有比生命更宝贵的东西"，当你有一天，真正对某种事物产生了至死不渝的热情之后，你就明白了这句话的含义。

# 实事求是的吴有训

吴有训是我国著名的物理学家,清华毕业后留校任教。他在物理实验中对"康普顿效应"做出了重大贡献。1927年康普顿获诺贝尔物理学奖,"康普顿效应"正式命名为"康普顿—吴有训效应"。

康普顿最初发表的论文只涉及一种散射物质(石墨),尽管已经有了明确的数据,但终究只限于某些特殊条件,不能令人信服。而且在当时还有不少科学家对"康普顿效应"表示质疑。为了证明这一效应的普遍性,吴有训主动向导师康普顿提出用实验的方法来加以验证,并且在康普顿的指导下,做了七种物质的X射线散射曲线,证明只要散射角相同,不同物质散射的效果都一样,变线和不变线的偏离与物质成分无关。他们在1924年联名发表题为《经轻元素散射后的钼 KO 射线的波长》一文,论文刊登在《美国科学院通报》第10卷上。文中写道:"这些实验无可置疑地证明了散射量子理论所预测的光谱位移的真实性。"这在当时立即引起了轰动,以前对该效应质疑的专家学者纷纷在事实面前最终承认了"康普顿效应"。

1925年,为了确保该效应的真实性,吴有训又做了几组实验加以验证,并且在《康普顿效应与三次X辐射》一文中,再次证明康普顿效应的客观存在。接着，吴有训对康普顿效应做了进一步研究。他测定了 X 射线散射中变线和不变线之间的强度比随散射物原子序数变化的关系，由此证实并发展了康普顿的量子散射理论。

△ 点石成金：

　　实事求是是指从实际对象出发，探求事物的内部联系及其发展的规律性，认识事物的本质。吴有训确实做到了这一点，对于"康普顿效应"，他没有盲目地信服，也没有简单地凭直觉去质疑，而是踏踏实实地从问题本身出发，借用科学的实验方法，去验证它的真实性。这种严谨的态度无论是对于学习，还是对于做人都十分重要。在面对问题时，不要无原则地相信师长或者书本上的话，而必须从客观实际出发，研究和认定其真实性和合理性。

# 言有易，言无难

　　我国著名语言学家王力出自赵元任门下，当时赵元任与梁启超、王国维、陈寅恪并列为清华四大导师。这也正是应了"严师出高徒"这句古话，赵元任严谨求实的学术作风对王力产生了巨大的影响。王力于 1926 年夏考入国学研究院，由于语言学学起来较困难，全班的 32 个同学中只有他跟赵元任学习语言学。他对赵元任的音韵学课也十分感兴趣。受赵元任影响,后来他也去法国学习语言学。梁启超对王力的论文《中国古文法》,给予很高的评价,并写有"卓越千古,推倒一时"的评语。赵元任却专找王力论文中的毛病。王力的论文中在谈到"反照句"和"纲目句"时,加上了"反照句、纲目句,在西文中罕见"的附言。赵元任看到这个附言后给了如下批语:"删附言!未熟通某文,断不可定其无某文法。言有易,言无难!"在赵元任看来,绝对不可以根据看过的部分材料就轻易地下结论。后来,王力先生将这句话作为自己座右铭,时刻提醒自己要有严谨的治学态度。

## △点石成金:

以偏概全或者断章取义的做法就像盲人摸象,如果你没有见到大象的真面目就轻率地下结论,那么你的结论很可能是大象的模样像柱子或者一堵墙,而诸如此类的错误认识和观念只会导致错误的行动。所以,不要以为你没见过的东西就并不存在,只有了解了全面、真实的事实之后,才是得出结论的最好时机。

## 第二辑
# 为人生立一座道德的丰碑

对一个正常人而言，道德永远先行于智慧。智慧对于缺乏道德的人来说，只能是一种损人利己的工具，这样的人懂得的知识越多，反倒越与真理疏远。清华的各位大师们高洁清廉、坚守气节、以德服人、胸襟旷达，在道德方面，堪称万世师表。

## 梅校长一生清白照人间

清华著名的校长梅贻琦一生清苦。他的一个学生林公侠曾说："在贪污成风的社会，竟能高洁清廉到这样的地步，真是圣人的行为。仅凭这一点，已经足够成为万世师表。"

早年清华大学教授的工资相当可观，他做了几十年校长，却始终没有一点个人积蓄。

在当时社会极其混乱的状态下，梅校长主持一切校务，办校经费都要经过他之手，许多人认为总会有油水可捞。实际上梅贻琦却和师生们过着一样的生活。

在联大成立初期，梅贻琦就把自己的校长专车交给学校充作公用，而自己外出开会办事，则只能步行前去。梅家和普通教授一样租用住房，阶沿上摆把椅子，就成了所谓的客厅。家里吃的经常是白饭拌辣椒，偶尔能吃顿菠菜豆腐汤，全家就很满意了。梅夫人韩咏华因为家境困难，就去有钱人家做佣工，挣钱以补贴家用，后来被人家认出来——堂堂名牌大学校长、中央委员的夫人，谁还敢雇？只好作罢。

梅夫人就跟别的教授太太一起做围巾、帽子等拿出去卖。后来又学做糕点，潘光旦太太做粉，梅夫人做糕，取名"定胜糕"，即抗战一定胜利之意。梅夫人每天步行四五十分钟到冠生园寄卖，只说自己姓韩而不敢说梅。梅家四个孩子都在联大上学，梅贻琦把申请来的补助金发给学生，却不让自己的孩子领一分钱的救济。一个孩子的眼镜丢了，当时就没有钱再配一副新的。

后来，他历任清华、联大、新竹清华的校长，手中握有巨款，而办公室里却连一套普通的沙发都舍不得买。清华基金在他掌握之中，他却每月给自己支薪极少，一生都过着简朴的日子。

梅贻琦到台湾后，将家眷留在美国。他在台湾挣的钱，无法养活远在美国的夫人。梅夫人便自谋生计，打工、做代班、照顾盲童，工作到六十六岁。梅贻琦逝世后的殡葬开支等费用，都是校友们捐助的。

梅贻琦去世后，人们打开他病榻下加锁的手提包，里面是学校基金的账目，一笔一笔，清清楚楚，毫厘不爽。

## △点石成金：

廉洁的人就如同周敦颐笔下的《爱莲说》，出淤泥而不染、洁身自爱。梅贻琦用他的清廉刚直、两袖清风的实际行动对传统学者的风骨做了最好的诠释：他融于世俗的同时又坦然摒弃了一切世俗的诱惑和沾染。

勤俭节约是人类永恒的主题。我们在学校中，有的同学因为看到别人新买了一件衣服或者一种新型玩具就相互攀比，回家也向父母要，这就助长了虚荣，并会导致走向奢侈浪费，严重背离了勤俭节约的美德。

## 朱先生的"被解聘梦"

西方的基督文化,一直都有忏悔的传统,并有圣·奥古斯丁等人写的多部《忏悔录》,有的已成为不朽的经典。而中国的传统,就长期居于主导地位的孔孟而言,是不讨论上帝的,而认为人的本性是善良的,可以通过自省而除恶扬善,达到至善的极境,因此有"吾日三省吾身"的圣言。历代也有不少的人将此作为自己的座右铭,但却很少有"自省录"存世。

但近代有两部日记与"忏悔录"比较相近,这就是《吴宓日记》与《朱自清日记》。

朱先生在写日记时,明确表示"是不准备发表的"。朱先生所处的年代,社会状况很糟,但似乎还没有随便抄家的习惯。所以,朱先生也不懂"日记是祸"的道理,放心地去写,多年不停。日记中不必遮遮掩掩,也不必矫揉造作,连对爱妻的不满也照写不误,而朱夫人也并不随意翻检先生的日记,这就使得日记带有相当深度的真实。1932年1月11日的日记中记有先生的噩梦:

"梦见我因研究精神不够而被解聘。这是我第二次梦见这种事了。"

1936年3月19日又记:

"昨夜得梦,大学内起骚动。我们躲进一座如大钟寺的寺庙。

在厕所偶一露面,即为冲入的学生发现。他们缚住我的手,谴责我从不读书,并且研究毫无系统。我承认这两点并愿一旦获释即提出辞职。"

## △点石成金:

也许今天,我们已经很少再见到如朱先生这般真诚自省、内心深处对于学问和人生充满敬畏的人了。但是,由先生的"被解聘梦"我们可以看出,"自省"意味着对真实的自己进行严格的省查,也意味着在自我否定中获得成长和进步的机会。这是青少年朋友们成长过程中的必需品,万万不可缺少。

# 以德服人

李剑秋被请到清华执教武术课,声名逐渐传开,而且每月能拿一百多块现大洋,这让西苑一带习武的人对他很不服气。

有一天,两个中年人来到清华体育馆,指名要会一会李剑秋。李剑秋意识到来者不善,便从楼上下来,以礼相见,说自己没有什么本事,在这里不过是为了生计,请二位海量包涵,不与计较。这二人哪肯罢休,非得分个高低不可,并说:"如果能胜我们哥儿俩,从此再不会有人来找麻烦;如果不能胜,那就对不起,请你卷铺盖走人。"李剑秋无奈,只好请他们上楼。只见其中一人一纵身，抓住铁窗护栏腿一勾，就从敞开的窗户翻入二楼（里面就是李剑秋平时给学生上课和训练用的武术厅）。李剑秋点了点头，便陪另一个沿梯上楼也进了大厅。他让工役献茶给二人，并再次请求不要比了，二人仍不答应。尤其是那个从窗户进来的，更是耐不住、连发怒语相激。李剑秋只好同意比试，并问怎样比法。那个从窗户进来的抢先出招，但一交手，就被李剑秋摔倒，半天爬不起来。另一个见状，拧着眉头把他拉起来。李意识到一场恶战不可避免，丝毫不敢大意，暗中做好准备，但表面仍露出毫不在意的样子。果然，那人出手便施绝技，用的是"八卦连环"，不让李有还手的机会，把李逼得步步后退，一直退到臀部挨到一张桌子。为使李既不能起跳，也不能左右躲闪，那人便用一招"双锋贯耳"，双拳直奔李的太阳穴，下面也做好准备，待李下蹲时抬腿踢其裆部。李意识到这是要命之招，便也施绝技，做出不再躲闪、静等挨打的样子。待到双拳已到耳根，就听"刷"的一声，李剑秋不见了。那人刚一愣神，就见李剑秋从桌子后面站起来，合并双掌大喝一声，隔着桌子狠扑过来。手未挨身，就见那人"噔、噔、噔……"连连后退，最后重重地摔在墙上。李剑秋后来对人说，这就是形意绝技"虎扑式"。他当时只用了六成劲儿，如果用八九成，那人就得吐血；用十成，那人就得丧命。当时那人羞愧地和另一个互相搀扶着离开了清华园。

从那以后，果然再也没有人来找李剑秋的麻烦了。

◇ **点石成金：**

妄图"以武服人"的人最终只能自取其辱，就像挑战李剑秋的那两个人一样。武力是无法从根本上解决任何问题的，只有"德"才具备春风化雨般的力量。所以，做一个有道德的人，才能感化别人、让别人从内心深处信服自己。

## "浪子回头金不换"

吴晗小时候便是一个神童，但却有过一个十分浪荡的时期。据他的儿时好友千家驹回忆，他年少时非常聪明，读书一目十行，记忆力极强，十五六岁就能做旧体诗，懂得旧体诗词所要求的音韵和声律。当时他读书的金华有几家旧书店，专卖廉价的石印小说如《七侠五义》《包公奇案》《野叟曝言》等。他们"如鱼得水"，课余时间几乎都用在这上面了。这还不算，稍后，他又染上了一些其他坏习惯：自恃聪敏，不好好读书，整天到外面喝酒赌钱，回校时校门已闭，就跳墙进去，为此学校记了他10多次小过，只是碍于他父亲的情面（他父亲曾任警察所长）没有把他开除……吴晗考上清华后，他们再次会面时，吴晗的第一句话就是："家驹，浪子回头金不换，我已改邪归正了。"接着他又对他讲了他们分别后自己的一些经历：中学毕业后，他父亲曾把他关起来不让他出门。过了两三年才让他进了上海中国公学，一进校门便立刻得到了校长胡适先生的赏识。1930年胡适到北京大学任教，吴晗也跟了来，先在燕京大学做工准备考试，后考北京大学预科，因数学得零分未被录取；又投考清华大学本科（二年级转学生），因不考数学而被录取了。从此便走上了他光辉的学术生涯。

## △点石成金：

所谓"浪子回头金不换"，重要的不是过去，而是现在和未来。过去的不管是辉煌还是错误，都已随着时间的流逝而成为往事，人应该把目光放在现在和未来。因此，我们切不要将自己禁锢在过去的错误之中，每一天的太阳都是新的，付出永远都不会太迟，从现在开始一切都不晚，你依然还是那块闪闪发光的金子。

## 饿死事小，失节事大

太平洋战争爆发后，日军对香港发动袭击，当时，陈寅恪正在香港大学任教。香港失陷时，大学停课，陈寅恪便闲居在家。日本军部知道他是知名学者，又懂日文，便对他格外优待，在其住处门口做一记号，禁止日军入内。粮食紧缺时，又派人送去两袋大米，但被陈寅恪拒之门外。后来陈寅恪的兄长衡恪就他拒绝接受日寇大米的事在诗中这样写道："正气吞狂贼。"

1948年6月间，国民党政府的纸币像大江东下一样，时时刻刻在贬值，买一包纸烟就要几万块钱。教授的薪水月月在涨，但物价涨得更快，原来生活比较优越的教授们，此时也和广大人民一样难以生活下去，特别是家里人口多的，生活更为困难。国民党政府也知道人民的怨恨，于是便耍了一个手法，发了一种配购证，用较低的价格买到"美援的面粉"。也正是这个时候，美国政府积极扶助日本，美国驻华大使司徒雷登对中国人民发出诬蔑和侮辱的叫嚣。吴晗等人商量了一下，要揭穿国民党政府的阴谋，抗议美国政府的侮辱。并为此发表了一个公开声明：

"为反对美国政府的扶日政策，为抗议上海美国总领事卡宝德和美国驻华大使司徒雷登对中国人民的诬蔑和侮辱，为表示中国人民的尊严和气节，我们断然拒绝美国具有收买灵魂性质的一切施舍物资，无论是购买的或给予的。下列同仁同意拒绝购买美援平价面粉，一致退还购物证，特此声明。"

声明写好了，要征集签名，同往常一样，每人负责联系若干人，吴晗拿着稿子去找朱自清。当时，朱自清的胃病已很重了，只能吃很少的东西，多吃一点就要吐，而且面庞瘦削，说话声音低沉。他有许多孩子，日子过得比谁都艰难。但他一看完声明，便立刻毫不迟疑地签了名。

不仅如此，在1948年7月23日，清华大学工字厅举行的"知识分子今天的任务"座谈会上，朱自清还说："知识分子的道路有两条：一条是帮凶帮闲，向上爬的，封建社会和资本主义社会都有这种人。一条是向下的。知识分子是可上可下的，所以是一个阶层而不是一个阶级。要许多知识分子都丢开既得利益，是不容易的事。现在我们过群众生活还觉得过得并不是很好。这也不是理性上不愿意接受，理性是知道应该接受的，是习惯上改不过来。"

朱自清丢开既得的利益，拒绝购买美援面粉。在6月18日的日记中，朱自清写道："此事每月须损失600万法币，影响家中甚大，但余仍定签名。因余等既反美扶日，自应直接由己身做起。"在逝世前一天，他还告诉妻子："有一件事得记住，我是在拒绝美援面粉的文件上签过名的！"

## △点石成金：

气节，是个人修养的最高一级，也是最后的考验。陈寅恪、朱自清、吴晗等用"拒受救济粮"的实际行动经受住了这一考验，他们不畏强权、不因困窘的生活而低头折腰，坚决拒绝侵略者的"嗟来之食"，这种精神足以光耀千古。而对于普通人来说，坚守气节就是在平时能安贫乐道，坚守自己的岗位；在富贵荣华的诱惑之下能不动心志；在狂风暴雨袭击之下不惊慌失措，坚持原则和信念。

# 陈达教授的胸襟

清华大学社会学系主任陈达教授平时不苟言笑,生活俭朴而有规律。他的学风严谨踏实,特别注重"用事实说话"。因此,他的著作很有分量,得到国内外社会学界、特别是人口学界的重视。

陈先生讲课,也和他做人、为学一样。讲课时严格按照事先准备的提纲进行,字斟句酌,很少会有即兴发挥。同学们对这种讲课方式有较大的意见,陈先生可能也对此有所耳闻。在《人口问题》第一学期课程结束时,他郑重地问大家对他讲课有何意见。由于陈先生名气大、声望高,平时态度严肃,大家虽然课下有意见,这时却噤若寒蝉。过了好一会儿,有个学生不禁开口说:"陈先生这种讲课方法,我曾反复想过。我们每星期上课3次,共6小时;从宿舍到教室往返一次约1小时,3次共3小时。总共每星期要用9小时,1学期如以18星期计算,共为162小时。如果陈先生将讲课内容印成讲义发给我们,我们只要几小时或一天时间,便可仔细阅读完毕,剩下时间可以读别的书,不是更有效率吗?"陈先生听了以后,从他的脸色变化来看,是非常不高兴的。但他克制着自己,并未大发脾气,只是说:"照你这种说法,那么,办大学就没有什么必要了。"这个学生说:"的确,这也是我一再思考的问题：大学的作用究竟在哪里。"陈先生当然是能说出大学的作用的，但当时他在气头上，没有回答。

下课以后，这个学生自己深悔言辞过激、过于不谨慎，伤了陈先生的感情，同学们则为他捏一把汗，担心他在今后的学习中会遇到困难。他虽然觉得陈先生作为一个有巨大成就和深厚素养的学者，即使一时生气，但绝不会长期放在心里。不过，他心里也不能说毫无顾虑。然而以后的事实证明：陈先生究竟是一个胸襟宽阔旷达的学者。他给那个冒犯他的学生的课程读书报告打了95分，学年考试也列全班之首。后来由他指导的那个学生的毕业论文也得了95分，而且毕业后，还被留在他主持的国情普查研究所工作。

### △点石成金：

"海纳百川，有容乃大"，一个小肚鸡肠的人永远不可能做成大事，也不可能活出人生的大格局和大境界。只有胸襟宽大的人，才不会去记恨他人带给自己的伤害，不会总因为一些小事而耿耿于怀。其实，生活中的很多事情都只是无意义的"鸡毛蒜皮"，凡事都多一些包容与原谅，这样，你的生活中才能少一些芥蒂与烦恼。

# 在陈寅恪家做客的礼节

著名学者陈寅恪一直都保持着家庭的传统礼节，凡是去他家做客的人都无一例外地要遵守相关的礼节。以下是一位曾去陈教授家做客的学生的真实记录：

节日那天我去得比较早，进了客厅，看到陈先生已经坐在正面的大椅子上了，好像还有织锦一类的椅帔从靠背到坐垫垂下来，庄严肃穆，很有气派。已有两位先来的人站在房中正准备行礼。我去了之后，三人排成一行，向陈先生三鞠躬，陈先生既不还礼，也不说客气的阻挡话，陈师母也没有代先生谦让。直到行礼完成之后，陈师母才请大家在两侧坐下，寒暄几句，就端给每个人一小碗白糖糯米粥，中间有两三个小红枣，大家就用小调羹吃起来，陈师母要大家一定把红枣吃掉以示吉祥。我当时就感到这是中国传统的"师道尊严"的体现，既严肃又亲切。陈师母大概看出了我的新鲜感，解释说这是他家的老习惯。在我看来，这习惯确有自己的特色，和其他教授家显然不同。

陈先生的这种"礼制"一直坚持不渝，不受任何"潮流"干扰，其自由独立的精神也能从中看出来。据记载，他晚年在清华大学，仍坚持这种礼制，与之下文似乎关联不大。系主任刘节教授，逢年过节去看望老师，"不仅对陈先生十分的恭敬，而且正式行传统的叩头大礼,一丝不苟,旁若无人"。

## △点石成金:

古人云:"仓廪实而知礼节。"礼节不仅仅是一种个人修养的表现,更是人际交往和社会规范的文明体现。因此,文明礼节无论在什么情况下都不可少,在现实生活中,哪怕是对别人的一句"谢谢",对他人的一个微笑,都能体现出我们的修养和内在的素质。

# 吴宓聘请王国维

1927年6月3日傍晚,王国维先生静静地睡了,远离了尘世的繁杂,尽管还有深深的遗憾。清华国学院的师生们向先生的遗体敬礼,树木和人们一起默哀,清华园里先生走过的土地如今也都静穆着。

几天后,吴宓静静地坐在工字厅一隅,回想当年请王国维到清华任教的点点滴滴:

在学院筹办早期,学校就导师人选问题,进行了一番斟酌。在胡适的推荐下,曹云祥决定聘请梁启超(任公)、王国维(静安)与章太炎三位国学大师。同时,聘请吴宓为国学院筹备主任。清华研究院筹备处就成立了。

吴宓就任后便开始着手筹备工作等多项事宜。在北京去拜访王国维，吴宓亲笔写下聘书，并且亲自将聘书送到王国维府上。到了王国维家，进了客厅，吴宓先鞠了三个150度的躬并且言辞非常诚恳地希望王国维任教清华。王先生原本不愿意到清华任教，但也被吴执礼甚恭的诚意感动。请示逊帝溥仪后，"面奉旨命就清华研究院之聘"。

△ **点石成金：**

世界上最能打动人心的东西往往不是金钱和丰厚的待遇，不是经过粉饰的甜言蜜语，而是一颗真诚的心。一个人是否有诚意完全可以从其言行中的一些细节判断出来，真正发自内心的诚意能够让别人真真切切地感受到。

# 谦虚的大师们

朱自清的散文集《背影》出版时，他依然很谦逊、坦白地谈到自己："我是个再平凡不过的人。才力的单薄是不用说的，所以一向写不出什么好东西。我写过诗，写过小说，写过散文。25岁以前，喜欢写诗；近几年诗情枯竭，搁笔已久。"

"我觉得小说非常难写；不用说长篇，就是短篇，那种经济的、严密的结构，我一辈子也学不来！我不知道怎样处置我的材料，使它们各得其所。至于戏剧,我更是始终不敢染指。我所写的大抵还是散文多。……我意在表现自己,尽了自己的力便行;仁智之见,是在读者。"

朱自清的确可谓是一个十分谦逊的人,而几乎所有的大人物都有谦虚这样一个共同的特征,早年就读于清华大学的季羡林先生更是这样一位非常懂得谦逊的人。

季羡林的弟子们编的《季羡林文集·前言》初稿有"国学大师""国宝级学者""北大唯一终身教授"等一堆字眼,季老看后要求删去,并说:"真正的大师是王国维、陈寅恪、吴宓,我算什么大师?不过是个杂家,一个杂牌军而已,不能望大师们的项背。我不过出生得晚些,活的时间长些罢了。是学者、是教授不假,但不要提'唯一的',文科是唯一的,还有理科呢?现在是唯一的,还有将来呢?我写的那些东西,除了部分在学术上有一定分量,小品、散文不过是小儿科,哪里称得上什么'家'?外人这么说,是因为他们不了解,你们是我的学生,应该是了解的。这不是谦虚,是实事求是。"

## △点石成金:

一个真正有学问、有内涵、有修养的人,他的学问越多、内涵越深、修养越高,其为人就越是谦逊。正如学问和知识是一个圆,圆越大,懂得的越多的同时,圆周也越大,与外界无知的接触面也越大,不懂得的东西也就越多。他们的谦虚绝对不是看不起自己,也并非是一种虚伪的造作,而是一种发自内心地对自我的客观认识。

## 季羡林谈容忍

著名的学者季羡林曾在他的《季羡林说人生》一书中较为详细地阐述了自己对于"容忍"的理解。在此节选其中的几段与大家一起分享:

唐朝有一个姓张的大官,家庭和睦,美名远扬,一直传到了皇帝的耳中。皇帝赞美他治家有道,问他道在何处,他一气写了一百个"忍"字。这说得非常清楚:家庭中要互相容忍,才能和睦。这个故事非常有名。在旧社会,新年贴春联,只要门楣上写着"百忍家盛"就知道这一家一定姓张。中国姓张的全以祖先的容忍为荣了。

但是容忍也并不容易。1935年,我乘西伯利亚铁路的车经苏联赴德国,车过中苏边界上的满洲里,停车四小时,由苏联海关检查行李。这是无可厚非的,入国必须检查,这是世界公例。但是,当时的苏联大概认为,我们这一帮人,从一个资本主义国家到另一个资本主义国家,恐怕没有好人,必须严查,以防万一。检查其他行李,我决无意见。但是,在哈尔滨买的一把最粗糙的铁皮壶,却成了被检查的首要对象。这里敲敲,那里敲敲,薄薄的一层铁皮绝藏不下一颗炸弹的,然而他却敲打不止。我真有点无法容忍,想要发火。我身旁有一位年长的老外,是与我们同车的,看到我的神态,在我耳旁悄悄地说了句:"Patience is the great virtue(容忍是很大的美德)。"我对他微笑,表示致谢。我立即心平气和,天下太平。

看来容忍确是一件好事,甚至是一种美德。但是,我认为,也必须有一个界限。我们到了德国以后,就碰到这个问题。旧时欧洲流行决斗之风,谁污辱了谁,特别是谁的女情人,被污辱者一定要提出决斗。或用手枪,或用剑。普希金就是在决斗中被枪打死的。我们到了的时候,此风已息,但仍偶尔发生类似的事情。我们几个中国留学生相约:如果外国人污辱了我们自身,我们要揣度形势,主要要容忍,以东方的恕道克制自己。但是,如果他们污辱我们的国家,则无论如何也要同他们玩儿命,决不容忍。这就是我们容忍的界限。幸亏这样的事情没有发生,否则我就活不到今天在这里舞笔弄墨了。

## △点石成金:

"忍"字即是心字头上一把刀,可见,做到容忍二字,实属不易。为了人际和谐或顾全大局而忍个人的一时之气,这种忍,是一种气度和涵养。但如果容忍他人对于自身或者国家民族进行侮辱,这种忍,就变成了一种懦弱和耻辱。所以,青少年朋友们一定要记住:容忍之德,用之有度。

# 叶企孙：我请的教授个个都比我强

从 1926 年到 1937 年间，无论是任物理系主任，还是执掌理学院，叶企孙都把延请名师当作头等大事，先后聘熊庆来、吴有训、萨本栋、张子高、黄子卿、周培源、赵忠尧、任之恭等一批年轻有为的科学家到清华理学院任教。正是有了这批名师，才造就了一批又一批的高徒，以至于在 1955 年中国科学院成立时，数理化学部半数以上的院士均来自清华理学院。

叶企孙能聘请这么多名师到清华来，主要是因为他没有门户之见，不搞近亲繁殖，所以名师都愿意凝聚在他的周围。清华物理系第二届毕业生、原华南理工大学校长、中科院院士冯秉铨，在毕业四十多年后还写信给叶企孙，深情地说道："四十多年来，我可能犯过不少错误，但有一点可以告慰于您，那就是我从来不搞文人相轻，从来不嫉妒比我强的人。"冯秉铨之所以这样说，是因为 1930 年他毕业时，叶企孙对他们几位毕业生说："我教书不好，对不住你们。可是有一点对得住你们的就是，我请来教你们的先生个个都比我强。"

△ 点石成金：

面对众多比自己优秀的人才，智者的做法是肯定他们、让他们为己所用。把时间和心思花在嫉妒上,那是愚蠢之人才有的行径。要知道,嫉妒是一把锋利的双刃剑,往往在伤害别人的同时也不可避免地伤害了自己。

一个人要想要有更好的发展,就要有能力与更优秀的人打交道,而不是一味嫉贤妒能。只有当你发自内心地接受别人的优秀,并想与之为伍,才能真正拓宽自己的人生。

第三辑

# 完善的人格是人生的最高学府

"玉可碎,不可毁其白;竹可焚,不可毁其节。"清华人为这句话做出了最好的诠释。他们讲究个人尊严,又能对他人平等相待;取得惊人的成就又不以成就自居,淡泊名利;敢于在民族危亡之际挺身而出,也敢于在特殊时期逆潮流而动发出正义的呼声。百年清华提醒人们:先要有自身人格的完善,然后才有对社会的价值和贡献。

# 费孝通谈己

1999年9月,在纪念潘光旦先生诞生一百周年的座谈会上,曾任清华教授的费孝通做了一个发言。费先生说,为了准备这个发言"花了很多时间,晚上睡觉的时候也在想这个问题"。他在想两代知识分子之间的差距,想自己同潘光旦先生的差距:"潘先生这一代人的一个显著特点,是懂得孔子讲的一个字:己。推己及人的己。懂得什么叫作'己',这个特点很厉害。'己'这个字,要讲清楚很难,但这是同人打交道、做事情的基础。归根到底,要懂得这个字。在社会上,人同别人之间的关系里边,有一个'己'字。怎么对待自己,推己及人,老吾老以及人之老,幼吾幼以及人之幼,首先是个'吾',是'己'。在英文里讲是'self',不是'me',也不是'I'。弄清楚这个'self'是怎么样,该怎么样,是个最基本的问题。"

费孝通先生谈的"己",看起来简单,想起来却又相当深奥。20世纪五六十年代的人认为"己"是一个坏词,一个高尚的人应该"毫不利己,专门利人",应该"心中装着全人类,唯独没有自己"。如果谁想到"自己",就要被人视为品位低下。"文化大革命"以后,许多人"觉悟"了,觉得过去"太傻"了,凡事应该多为自己想想,观念转了180度,但对"己"的认识没变,依然是把

"己"当作一己之私,当作与社会或他人利益相对立的个人利益。而费老借潘光旦先生谈的"己",却不是如此。它诚然也包括作为生物体个人的欲求,但更重要的是指作为社会载体的人。人是生物人和社会人的综合。作为社会人,他承载着社会的全部关系。借用马克思的话说:"人是社会关系的总和。"因此,"己"并不是与社会无关的孤立的个体,而是"众人之己"。一个具有高度修养的"己",应该包容着他人、国家乃至人类,他的"己"应如大海般广阔。儒家是最讲个体尊严的,但这种个体尊严之大恰恰因为它包容天地万物。

△**点石成金:**

"己"便是自我,但这"自我"不是孤立的自我,而是生活在社会系统中、与他人共生共荣的自我。如果能理解这一点,你就会明白,做人的最高境界不是忽视自我、忘掉自我,而是尊重自我,利己又利人,与他人相互促进,实现共赢。

## 季先生的人格魅力

季羡林先生到了晚年的时候,因身体有所不适而住在北京303医院,但这次一住就是三年。渐渐地,季老先生也开始习惯了住院的生活,更有意思的是他还与不少医生和护士成了朋友,让病房时时看起来都像是一个温暖的大家庭。

有一天，一位年轻护士说起某报正在连载季先生的著作《留德十年》，表示很喜欢。老爷子马上把李玉洁老师找来，吩咐叫人去买，说"书是给人看的，哪怕有几句话对年轻人有用了，也值得"。这一来轰动了全医院，大家都来伸手，还索要签名本。"都给。""买去。"季先生发话了："钱是有价之宝，大家有收益是无价之宝。"最后，一趟一趟买了600本，也一笔一画地签名600本。

季羡林老先生就是这样一位非常具有人格魅力的人，这签名的小本就能体现出他高尚的人格，而作为老伴的李玉洁老师则更是对季老先生的人格魅力有更深的了解。

李玉洁老师对季先生简直敬如天人："虽然照顾老先生从体力上确实累，因为我也是快80岁的人了。可是从灵魂深处体验到特别的幸福，觉得生活在他身边是一种享受。"问享受什么，答曰："首先是人格魅力。季先生在做人上，从来都是克制自己，照顾他人，以德报怨，虚怀若谷。而且坚持平民立场，对人没有等级观念，大官来了是这样，平民来了也是这样，越是被人看不起的人还越平等相待，就说医院里的勤杂工吧，差不多都跟季先生聊过家常。"

△**点石成金：**

一个具有人格魅力的人，他的灵魂时刻都会散发出迷人的清香。季老就是这样的人，他那"灵魂的清香"吸引着更多的人向他靠近，让他产生了独特的亲和力和影响力，这也是所谓"人缘"形成的原因之一。青少年朋友如果想拥有更多的朋友，将来赢得更多人的尊重和爱戴，就要从现在的一点一滴做起，培养自己的人格魅力。

## 像钱钟书一样做完整的人

一直以来，由于拒绝与传媒合作，钱钟书这个人，也似乎渐成"魔镜"中的影像了。当把钱钟书这面"魔镜"翻转过来看时，便发现镜子背面有一行镌刻的字迹：做完整的人。

20世纪80年代初，一位"著名学者"拼凑了一本《××研究》，钱钟书翻阅后，便立刻得出如下结论："我敢说×××根本就没看过××的原著。"真是明眼如炬，让此等人物没处躲、没处藏。这也就难怪有人按捺不住公开咒他："钱钟书还能活几年？"

巴黎的《世界报》上刊文力捧中国作家钱钟书，并且写道：中国有资格荣膺诺贝尔文学奖殊荣的，非钱莫属。每天看外国报纸的钱钟书，迅速做出反应，在《光明日报》上发表笔谈式文章，历数"诺贝尔奖评委"的历次误评、错评与漏评。条条款款有根有据，让人家顺着脊梁流汗，并且他一反公众的言论断言道：诺贝尔发明炸药的危害还不如诺贝尔文学奖的危害更大。

更早的时候，诺贝尔评奖委员会的汉学家马悦然上府拜访他。钱钟书一面以礼相待，一面尖锐地说："在瑞典你是中国文学专家，到中国来你说你是诺贝尔文学奖评奖委员会的专家。你说实话，你有投票表决权吗？作为汉学家，你在外面都做了什么工作？巴金的书译成那样，欺负巴金不懂英文是不是？那种烂译本谁会给奖？中国作品就非得译成英文才能参加评奖，别的国家都可以用原文参加评奖，有这道理吗？"

△**点石成金：**

人应该是一个立体的、完整的个体。但在现实生活中，越来越多的人单向地发展，一味地追求功利和物质生活，而忽略了知识层面、道德层面的发展。钱钟书先生可谓是一个完整的人，他总能站在世俗和利益之外，用公正和良心来对事物进行客观的评价，其人格的伟岸是不言而喻的。

# 天下兴亡，匹夫有责

1919年，伟大的五·四爱国运动爆发。当时在北大读书的朱自清参加了当天的集会游行，和大家一道激昂地挥小旗、呼口号，为要求释放在火烧赵家楼、痛打章宗祥时被军阀政府拘捕的许德珩、杨振声、潘菽、江绍原等32位同学而奔走呼号。他在1919年1月以前绝少请假，更是没有旷课，但据《北京大学日刊》所记载"文本科学生请假旷课表"，从北京部分学生筹划倡议抵抗"巴黎和会"后，连续几个月，他的请假次数明显增多，而且每个月都出现了旷课情况。

1919年暑假，朱自清参加了"北京大学平民教育讲演团"，被分在第四组；1920年3月，当选第四组书记。他按照邓中夏的安排，组织大家到通县从事农村讲演，他自己每天上午下午各讲一次，题目是"平民教育是什么"和"靠自己"。按规定，每个团员每月必须出讲两次，他组织第四组的团员到北京四城演讲，先后讲过"我们为什么要求知识"和"我们为什么纪念劳动节呢""山东之危机""救国方法""国耻纪念日"等题目。直到五月，他毕业后回到南方，才辞去这份工作。

朱自清为人一贯朴讷。依他的性格，不可能在五·四运动中担当冲锋陷阵的先锋角色，但他却自觉自愿地、积极活跃地跟随当时的先驱者，做好属于自己的一份工作，尽了一个爱国者应尽的责任。

△点石成金：

所谓"天下兴亡，匹夫有责"，每一个人来到这个世界上都是带着责任来的，因此，我们就必须尽自己那份与生俱来的对自己、对他人、对社会的责任。哪怕我们在这个社会上只是一个毫不起眼的小角色，我们也应该尽最大的努力去尽到我们应尽的责任。

## 吴宓：敢于"逆潮流"而动的大勇者

吴宓先生曾任清华大学外文系教授，他是一位智者，又是一位仁者，所谓"勇不必仁，而仁必有勇"，所以必然也是一位勇者。

吴宓的勇，首先就表现在"注重根本，养浩然之气"方面，他能知耻（不是世俗的个人恩怨的"小耻"，而是国家、民族，以及个人所赖以生存的文化与伦理道德存亡的大耻）。他幼年就关心国家民族的命运，15岁时便写出"探胜寻奇志四方，回旋斗室愿难赏"的佳句。

而最能反映吴先生勇者本色的，莫过于中年"逆潮流"而动，坚持办《学衡》和晚年公开反对"四人帮""批孔"闹剧。前者后来几乎到了"单枪匹马"的境地，但"纵有攻诋之者，莫能撼动""虽危行言殆，但屹立不动，决不从时俗为转移……"。后者所表现之大智大勇，足以惊天地而泣鬼神。在那全国一片"帮"色恐怖，全无法理的昏暗时日里，他竟敢于坚决反对批孔，凛然宣布"汉字断不可废，孔子断不可批"，成为全国十亿人口中三个公然反对批孔的知识分子中的一个；并且甘冒杀头或坐牢（实际上他已经在坐牢）的危险，在日记中写下"叫学生造反等于拿小刀给孩子玩，没有不伤手的""姚文元在江青的卵翼下……"等"反动"言论，所以他的老师以如下的词句来概括他的为人："不盗人，不贼天，掉臂游行，独来独往，一颦一叹，一波一磔，皆吾肺腑。与人无与，人知之可也，人不知亦可也……"。

**△ 点石成金：**

什么才是勇敢？真正的勇敢不仅仅是在未知面前不害怕，也不仅仅是临危不惧，真正的勇敢还包括自知其耻辱、敢于承认自身的缺陷和不足，包括敢于在众人之声中喊出自己与众不同的声音，敢于逆当时的潮流发出正义的呼声，敢于坚守自己的立场而不在威胁面前有丝毫的动摇。

## 做值得信任的人

中国现代历史学家、古典文学研究家、语言学家陈寅恪一生最信任的人，莫过于他的学生、文史学家蒋天枢。在陈的晚年，曾经将编定的著作整理出版全权授予十来年间与自己仅有两面之缘的蒋天枢。

那一年，陈寅恪病情日益加剧，他知道自己时日不多，于是约蒋天枢见面。这天,蒋天枢如约上门,当时陈夫人不巧有事外出,没有人招呼他,双目已经失明的陈寅恪也没有注意这事,蒋天枢问候完后,陈寅恪径直开始谈话,结果蒋天枢就一直毕恭毕敬地站在老师床边听着,陈寅恪说了几个钟头,蒋天枢站了几个钟头。那年,蒋天枢也已经是60多岁的老人了。

这就是被后辈学人视为陈寅恪一生学问事业的"性命之托"。

对于这种信赖,蒋天枢当之无愧。他为人笃忠执着,一生将陈寅恪视为最敬重的师长,无论他个人面临什么处境,都丝毫不掩饰对陈寅恪的敬重之情,甚至在自己《履历表》的"主要社会关系"一栏中写道:"陈寅恪,69岁,师生关系,无党派。生平最敬重之师长,常通信问候。此外,无重大社会关系,朋友很少,多久不通信。"

蒋天枢也丝毫没有辜负恩师的这番重托。晚年,他放弃了自己学术成果的整理,全力校订编辑陈寅恪遗稿,终于在1981年出版了300余万字的《陈寅恪文集》,基本保持了陈寅恪生前所编定的著作原貌,作为附录还出版了他编撰的《陈寅恪先生编年事辑》。当时出版社给他3000元整理费,他觉得学生给老师整理遗稿是天经地义的事情,怎么可以拿钱呢,结果如数退还。20世纪90年代,陈寅恪突然"走红",很多人出来自称是陈先生的弟子,蒋天枢却从来没有说过一句话,从来没有借陈寅恪以自重。

◇ **点石成金：**

　　一个人，如果能够得到他人全心的信任，他必定是一个了不起的人。因为"赢得信任"与"信任他人"一样不容易做到，只有像蒋天枢这样笃诚、忠厚、不辱使命的人才担得起他人的"性命之托"——最高形式的信任。读罢此文，不妨掩卷深思：我是一个值得信赖的人吗？

# 梁启超的毅力

　　梁启超具有超人的毅力，其中包括严格的自我克制、生活规律化、合理利用时间等。1928年，梁启超56岁，肾病复发，而且日益加剧，但他依然懂得抓紧时间去从事心爱的学术。在病床上，他还将写《辛稼轩年谱》作为消遣的方式。接着，他又发了严重的痔疮，不得不住院治疗。他在病榻上读诗词消遣时，无意中获得《信州府志》等书数种，当时非常高兴，认为这些书对他写书会有很大的帮助，于是不等疾病痊愈便带着书出院，于10月5日回到天津，带病侧着身子坐着继续写书，7天后由于身体不支而不得不停止写作而卧床，不得不再次回到北京医院进行治疗。他"刻苦勤勉，无时或怠，其起居饮食全有一定时刻，生活极有规律，无论冬夏，五点即起，平时每日工作十小时。在工作时间，不接待宾客，偶有来访者，谈话时刻不能超过一小时，如果超过则婉言辞却。在清华时,斋门挂有'除研究生外,无要事莫入'的招牌,非倨傲也,光阴宝贵不得不然也"。

## △点石成金:

要想成就任何一番事业,且不必说其中必然经历的艰难困苦,即便只是为了克服顺境中的懈怠和寻求安逸的心理弱点,也需要过人的毅力。对于青少年来讲,自制、自律的能力,不畏困难、执着进取的精神,是成长和进步的重要保证。

## 甘做红花衬绿叶的梅贻琦

1940年,清华在昆明的校友为梅贻琦举行了一个"服务母校二十五年公祝会",校友们出于感谢他对母校所做无私奉献的至诚,说了很多表扬夸奖的话。就连一向"高傲不逊"、从不轻易颂人的刘文典教授,也情不自禁地写长诗加以称颂。当临到梅贻琦致答词的时候,他则缓缓地说了如下一段话:

刚才听了几位先生以个人为题目说了不少夸奖的话。我不敢说他们的话是错的。因为无论哪个人,总有一些长处,但也必定有他的短处,只是诸位现在不说这个人的短处罢了。仔细想来,或许诸位因为爱清华的缘故,爱屋及乌,所以对这个人不免有情不自禁的赞扬话……清华这几十年的进展不是也不能是某个人的缘故。是因为清华有这许多老同事，同心协力地去做，才有今日……现在给诸位说一个比喻。诸位大概也喜欢看京戏，京戏里有一种角色叫"王帽"，他每出场总是王冠整齐，仪仗森严，文武将官，前呼后拥，像煞有介事。其实会看戏的绝不注意这正中端坐的"王帽"，因为好戏通常并不由他唱的，他只是因为运气好，置身于一个好班子里，那么人家对这台戏叫好时，他也觉得很光荣而已。

△ 点石成金：

历来都只有"绿叶"衬"红花"，如若"红花"反能够做到"衬绿叶"，那么这"红花"必定达到了极高的人格境界。当我们位居集体中的某一领导岗位时，应该学习梅校长的精神，端正自己的态度，肯定他人的价值，这样才能赢得更多人的尊重，在此岗位上越做越好。

# 清华园中第一个承认鲁迅的教授

鲁迅登上文坛，一开始就得到了广大人民的承认。但他在各阶层人民中的反映又很不平衡。在清华园，特别是在教授层中，承认鲁迅较迟（鲁迅对清华园这块特殊的地方也不无偏见），与新文学龃龉的一派如吴宓等人自然是不用说，即在新文学一派中，情况也较复杂。如闻一多、朱自清由于有"新月派"或其他问题掺杂，平时对鲁迅实际上都采取"敬而远之"的态度。他们的这种态度，直到1936年鲁迅逝世时仍无多大改变。在清华教授中，只有张荫麟较早而且是客观无成见地接受了鲁迅。1934年9月，当鲁迅《南腔北调集》出版时，他还热情洋溢地撰发了《读〈南腔北调集〉》：

提起笔来想介绍鲁迅先生一部使我感动的近期作品，不禁勃然涌出一大堆恭维的话。为求名副其实，此文的题目应该为《〈南腔北调集〉颂》。

先颂鲁迅。他可以算得当今国内最富于人性的文人了。人有许多种。鲁迅先生不就铸造过"第三种人"的名词吗？但我所指的是那种见着光明俊美敢于尽情赞叹，见着丑恶黑暗敢于尽情诅咒的人；是那种贫贱不能转移，威武不能屈服的人。像这样的人也许不少，但缺乏的是鲁迅笔下的技巧和力量。

## △点石成金：

面对新事物，人们往往会产生本能的排斥，而且很容易受到既有观念、环境和他人的影响，对其进行有失公允的评价，这样做既无益于正确全面地认识事物，又会影响自己接受先进思想、更快更好地发展，是不可取的。对待任何事物，我们更应该站在客观公正的立场上进行了解和分析。

## 梁思成最委屈的设计

  1938年,由于抗战爆发,清华、北大、南开三所著名大学南迁云南成立西南联大。原清华大学校长梅贻琦任联大校长。当时,著名建筑学家梁思成、林徽因夫妇也到了昆明。梅贻琦就请梁思成夫妇为西南联大设计校舍。

  两人欣然受命,花了一个月时间,拿出了第一套设计方案:一个中国一流的现代化大学赫然纸上。然而设计方案很快被否定了,因为西南联大不可能拿出这么多经费。

  此后两个月,梁思成夫妇把设计方案改了一次又一次:高楼变成了矮楼,矮楼变成了平房,砖墙变成了土墙。几乎每改一次,林徽因都要落一次泪。当梁思成夫妇交出最后一稿设计方案时,建设长黄钰生很无奈地告诉他们:经校委会研究,除了图书馆的屋顶可以使用青瓦,部分教室和校长办公室可以使用铁皮屋顶之外,其他建筑一律覆盖茅草……希望梁思成再做一次调整。

  此时的梁思成已经忍无可忍,他冲进梅贻琦的办公室,把设计图纸狠狠地砸在梅贻琦的办公桌上。他痛心地喊道:"改!改!改!你还要我怎么改?我……已经修改到第五稿了,从高楼到矮楼,从矮楼到平房,现在又要我去盖茅草房。茅草房就茅草房吧,你们知不知道农民盖一幢茅草房要多少木料？而你给的木料连盖一幢标准的茅草房都不够！"

梅贻琦叹了口气说："正因为如此，所以才需要土木工程系的老师们对木材的用量进行严格控制啊……大家都在共赴国难，以你的大度，请再最后谅解我们一次。等抗战胜利后回到北京，我一定请你来建一个世界一流的清华园，算是我还给你的谢意，行吗？"梅贻琦的声音不大，却有些颤，梁思成听着，心又一次软了。那天他流下了眼泪，哭得像一个受伤的孩子……

为西南联大设计茅草房，也许是梁思成一生中最痛苦、最委屈的工程了。

△**点石成金：**

让大建筑师梁思成来设计茅草房，的确是大材小用，然而，梅贻琦的一席话让梁思成理解了他的难处和良苦用心。这就是理解在人与人之间相处和沟通时所起到的关键作用，最好的理解方法莫过于将心比心，只有当我们站在别人的角度上考虑问题、了解情况时，才能切身体会到别人的感受和苦衷，才能理解他人。理解是化解人与人之间的误会、芥蒂的一剂良方。

## 没有学问的人,到处都要被人轻视的

张荫麟是当年清华最勤奋好学的学生之一。据当年高他三届的挚友贺麟教授回忆,他当时是一个天天都进图书馆的学生,"在别的同学在体育馆运动或在操场上打球的时候,他大概总是仍然在图书馆里"。有一次,他们俩一同去见梁启超,梁启超非常高兴,当面称赞他"有做学者的资格"。

张荫麟的国学根基很好,贺麟说他的古文写得"没有章太炎的晦涩,没有梁启超的堆砌,没有章士钊的生硬,而是具有自己独特的风格"。但他"并无意想做一个古文家"。在一个相当长的时间内,他反而常写白话文,他的白话文写得同样优美,而且一丝不苟,有其独到的风格。他常说做文章要有"作家的尊严"。张荫麟幼年丧母,在清华读书期间又失去了父亲。这时他上无父母,中无长兄,不仅经济来源断绝,而且还须要担负弟妹求学的费用。师友中有知道他家境窘况的人,纷纷表示愿意尽力给以帮助。但是他"打定了自力更生的主意"。此后的许多年间,他求学费用的来源,主要靠向报纸杂志投稿获得些许稿费来维持。好友贺麟毕业赴美时,他谆谆以"埋头学问,少做肤浅文章"相勉。他说:"没有学问的人,到处都要受人轻视的。"贺麟感慨地说:"他说这话的声音姿态,我都仿佛记得就发生在昨天。他这话说到了人的自尊心,鞭策着我,使我几年在外国不敢不在学问上多努力。我想他这话不仅是对我一个人讲的。我要替他让全国青年都知道。没有学问的人,无论你做多大的官,发多大的财,还是要被人轻视的。一个没有学问的民族,也是要被别的民族轻视的……"

△**点石成金:**

在20世纪上半叶,清华的学子们就已经意识到了学问和知识的重要性,说出了"没有学问,到处都要被人轻视"的至理名言。那么,生活在知识经济时代的青少年,就更加没有理由让自己停滞不前了。所以,我们必须用知识武装自己的头脑,让自己成为博学之人,这样才能在未来社会受人尊重,走在时代前列。

## 言而有信真君子

朱自清的夫人在回忆联大生活时写道:

在云南蒙自和昆明的时候,日本飞机常常飞来轰炸,生活也很困难。但朱自清仍是兢兢业业地工作,每天仍是晚上十二点钟以后才休息。对学生严格要求,对自己也毫不放松。他工作起来仍是说到做到,一点也不容拖延。有一次朱自清得了痢疾,可是他已答应学生第二天上课发作文,于是他便连夜批改学生的作文。我劝他休息,他只是说:"我答应明天给学生的。"他书桌边放着马桶，整整改了一夜作文，拉了三十多次。天亮后，我看他脸色蜡黄，眼窝凹陷，人都变了样。而他却脸都没洗，提起包就去给学生上课了。抗战胜利后，他病重时还提起这件事说："我的身体不行了，悔不该那次拉痢疾还熬夜，使身体太亏了。"

朱自清一辈子做事都是言而有信的。只要是他答应的事，过多长时间他都记得，多么艰苦都做到，而且大事小事都一样……他对教学更是一丝不苟，认真负责，给学生改作文都是字字斟酌的。有一回他给一个学生的文章改了一个字，过后他又把那个学生找来说："还是用你原来的那个字吧！我想还是原来那个字好。"

与朱自清先生一样，杨绛先生也同样是一个"一诺千金"的人。杨绛先生的好友吴瀚的儿媳妇就见证过杨绛先生言而有信的高尚品德。她用文字描述出了关于杨绛先生实践承诺的这样一个真实的故事：

杨绛先生的《我们仨》出版后，引起了读者的极大关注，有几天杨先生家的电话快打爆了，使这位92岁的老人感到很疲惫。一天，她打来电话说，吃完晚饭要到我家来看望一下我婆婆，顺便取一张她要的报纸。可那晚，她没有来，她家的阿姨来取报纸时解释说，杨先生太累了，一天接了太多的电话，又忙着查出版社要的资料，就不出来了。我们都很理解，也并没有在意。谁知第二天晚上，杨先生在阿姨的陪同下，真的来看望她的老学友了。我们说她客气，她则说，说了的事就一定要做到。两位老人手挽手坐到了一起。我和婆婆称赞《我们仨》写得好,真挚感人。她连声说:"谢谢,谢谢你们欣赏这本书。"

## △点石成金:

"人无信而不立",是说如果一个人说出的话或许下的承诺经常无故不能兑现,他就会失去别人的信任和自身立足于世的根本。长此以往,他本人也会被他人轻视。所以,无论在什么样的情况下,我们都必须对自己的行为和言语负责,答应别人的事情必须办到,如果实在办不到也要诚恳道歉并说明原因,就像朱先生和杨先生所做的那样。

第四辑

# 屹立于苦难的
# 废墟之上

　　西南联大是在充满战乱和恐慌的年代里出现的一个奇迹,清华作为联大的一部分,在枪林弹雨中传授知识、追求真理,为祖国培养出无数"中兴人杰",并在苦难中谱写出了一种"刚卓坚毅"的精神,为后人立下了一座不朽的丰碑。只要这座丰碑在,中国就永远有希望,人们就能不断地受到激励。

## 西南联大的故事

1937年的卢沟桥事变,揭开了中国近代史上抗日战争的序幕。日寇的铁蹄践踏了神州大地,中国人民由此陷入水深火热的苦难深渊之中。中国最著名的三所大学——北京大学、清华大学、南开大学在战火中惨遭摧残。为保存文化力量,三校合迁湖南,组成"国立长沙临时大学"。

1937年11月1日,长沙临时大学开始上课。不到两个月,南京又陷落。面对华北沦陷、中原动荡、三吴烽火、九夏蜩螗之势,长沙临时大学被迫再南迁昆明,成立"国立西南联合大学"。大部分师生经广州、香港乘船到越南海防,再转滇越铁路进入云南。

前往昆明的一路上,西南人民的贫困生活,给步行团师生留下了深刻的印象。同学们有的沿途考察风俗民情,收集民歌,有的向老乡讲述日寇暴行,介绍抗战形势。这次"长征"路途艰难,条件极差,但师生们始终精神旺盛、斗志高昂,一路风餐露宿,跋山涉水,平安到达了昆明。这次徒步长征磨炼出来的坚强意志,是构成西南联大精神的重要因素。

联大落地昆明后,条件极其艰苦,除图书馆是瓦顶外,教室是铁皮屋顶,宿舍则是草顶。教室里热天犹如蒸笼,冬天寒风穿堂入室,雨天铁皮屋顶叮当作响,教师讲课要大声喊叫,正所谓"风声雨声读书声声声入耳"。没有课桌,一把把"火腿椅"便代作课桌。宿舍一间住40人,一遇大雨,双层木床上便成"泽国",油布、脸盆、雨伞全派上了用场。

由于学校经费紧张,仪器设备少而简陋,许多实验无法进行,开展科研很艰难。物理系吴大猷教授,不得不把三棱镜放在简易木架上拼凑成一个最原始的分光仪,尝试着做"拉曼效应"的一些研究工作。地质地理气象学系则别出心裁地把附近残破不全的碉堡改装成气象台,供学生实习观察用。航空系的风动机实验室则是用一间旧土平房改装的,实验时发动机常把墙上的土震落。

至于生活条件,就更差了。学生大多数来自战区,断绝了经济来源,只能靠很少的资金度日。吃的是沙石俱全的"八宝饭",菜里有时连盐都没有,穿的是一袭蓝布大褂遮住补了又补的破裤子。有些同学则是几个人合用一件长衫,谁进城就谁穿。

尽管条件异常艰苦,但联大无论是老教授、学者,还是中青年教师、科研人员,都不失民族气节,对抗战抱必胜的信心,甘于艰苦,甘于淡泊,丝毫没有放松教学与科研,严谨治学,潜心钻研,著书立说,诲人不倦,执着地为民族培养人才做贡献。

学生们更是安贫乐道,以天下为己任,读书不忘救国,救国不忘读书,意识到肩负的历史重任,形成了刚毅坚忍、刻苦钻研、勤奋学习的优良风气。图书馆的阅览室每天开放14小时,仍难以满足同学的需求。无论暑热和严冬,室内都座无虚席,鸦雀无声,人人争分夺秒地学习。由于经费困难,图书添置不多,每次阅览室开放前,门外便聚集了很多同学,黑压压的一大片。门一打开,便蜂拥而入,或是抢着去借书处前排队借各种指定参考书,或是去阅览室占座位。阅览室座位拥挤,宿舍光线太暗无法看书,学校附近的茶馆便成了同学们学习的好地方。不少人的论文和读书报告都是在茶馆里"泡"出来的。对于这种难以想象的艰苦生活,师生们不以为苦,反以为乐,忧国忧民,不甘沦亡,相濡以沫,艰苦奋斗。无怪乎幽默大师林语堂在40年代初出国路过昆明做演讲时惊叹地说:"联大师生物质上不得了,精神上了不得!"

## △点石成金:

西南联大是在充满战乱和恐慌的时代里出现的一个奇迹,它在枪林弹雨中传授知识、追求真理,培养出了一大批现当代著名学者,并谱写出了一种"刚毅坚忍"的精神,这种精神在那样一个艰苦的、战火纷飞的年代深入每一个老师和学生的骨子里,也为后人立下了一座不朽的、刚毅的丰碑。只要这座丰碑在,中国就永远都有希望。

## 与联大同舟共济的梅校长

有人曾说:"联大成功的奥妙就在于梅校长的'大',他心中只有联大,没有清华了。"梅贻琦没有把随校南迁的清华人员都放入联大编制内,他减少了清华在联大的名额,使三校在联大体现了较好的平衡。同时清华以它大部分教学力量和设备参加联大的工作,还利用庚款基金建立了航空、无线电等若干研究所。

关于三校的联合,梅贻琦的背景也起到了很好的协调作用。1941年4月,梅校长在昆明主持清华大学的校庆。当时张伯苓校长从重庆打电话说,清华与南开是"通家之好",因为清华校长梅贻琦是南开第一班的高才生。冯友兰闻讯也告诉大家,北大与清华更是通家之好,北大文学院院长胡适是清华人,而自己这个清华文学院长又出自北大。一时会场异常活跃,纷纷述说三校之间的亲密关系,联大的三校团结,更是胜过了以前。

联大创建初期,最要紧的事情就是躲警报。每次警报一来,梅贻琦跟学生一起往后山跑,飞机来时,趴在学生身边,飞机走了,站起来带学生们再回学校去。当时蒋、张二位校长都在重庆,与学生同甘共苦的只有梅校长。在学生们看来,这位总是不温不火、从从容容的梅校长是最亲近的师长,大家都亲切地称他为"梅常委"。

## △点石成金:

"众人拾柴火焰高",只有同舟共济才能渡过难关。西南联大的成功不仅仅是梅校长一个人的功劳,而是西南联大的全体师生共同努力的结果,集中起来的力量往往是最大的力量。所以,在遇到困难的时候,不要只是独自冥思苦想或奋力抗争,要想到借用周围的朋友、同学、师长等其他人的力量，靠众人的智慧解决问题。

## 定胜的信念

清华大学转移云南成立西南联大之时正值抗战时期，由于战乱而导致全国经济陷入停滞状况，云南也受到影响而物价暴涨，老百姓的生活一下子陷入困苦之中。

为了躲避敌机轰炸，许多教授迁到郊外农村居住，住得最远的在50多里外的呈贡。进城讲课要坐小马车，或者步行，非常辛苦。遇到雨天，则泥泞路滑，赶到教室已是全身都犹如落汤鸡。

华罗庚教授曾住在农民的牛圈楼上。晚上，灯光十分昏暗，楼下的人也喜欢打呼噜，臭气熏人。牛痒难耐时，便在柱子上蹭来蹭去，弄得牛圈楼摇摇欲坠，让人无法睡眠。华罗庚不禁感慨道："清高教授，呜呼：清则有之，清汤之清；而高则未也。"

闻一多移居到司家营时，便邀请正无处可去的华罗庚一家同住，中间用一床布帘子将两家隔开。华罗庚写下四句诗记述这段难忘的生活："挂布分居共客膝，岂止两家共坎坷。布东考古布西算，专业不同心同仇。"教授们贫贱不能移的爱国之心由此可见一斑。冯文潜教授的夫人为贴补家用，还接了刺绣活计在家里做，银针戳指，靠一针一线地挣点零钱，真是"找钱犹如针挑土"，来得实在费工夫。迫于生计，就连梅贻琦夫人也不得不与潘光旦夫人合做一种名为"定胜糕"的米糕，由梅夫人挎着篮子，步行45分钟提到冠生园寄卖。由于路走得远，鞋袜又不合脚，有一次梅夫人的脚还因磨破而感染，小腿全肿了起来。朋友路经昆明到联大看望时，梅校长用家常便饭招待。饭后，梅夫人总要亲捧一盘"定胜糕"进来殷勤地说："请再尝尝定胜糕，我们一定胜利。"这时大家一起站起来致谢，并且一起称颂道："一定胜利，一定胜利！"这正是大家一致的信念，也是联大事业的象征。

## △点石成金：

什么是信念？信念就是去坚守一种精神性的东西。信念就是在战火纷飞、生活艰苦的岁月里，隐藏在一块块"定胜糕"里的东西。一个心中有信念的人，必定是无所畏惧的人，活在希望之中的人。因此，无论遇到怎样的困难和挫折，我们都要抱有必胜的信念：困厄总会过去，美好必会来临。

# 天高任鸟飞

联大教授讲课从来无人干涉，想讲什么就讲什么，想怎么讲就怎么讲。刘文典先生讲了一年庄子，我只记住开头一句："《庄子》嘿，我是不懂的，也没有人懂。"他讲课是东拉西扯，有时扯到和庄子毫不相干的事。他说有些搞校勘的人,只会说甲本作某,乙本作某——"到底应该做什么?"骂有些注释家,只会说甲如何说,乙如何说——"你怎么说?"他还批评有些教授,自己拿了一个有注解的版本,发给学生的是白文,"你把注解发给学生!要不,你也拿一本白文!"他的这些意见还是有一定的道理的。他讲了一学期《文选》,只讲了半篇木玄虚的《海赋》。

联大教授之间,一般是不互论长短的。你讲你的,我讲我的。但有时聊起来,也无所谓。比如唐立庵先生有一次在办公室当着一些讲师助教,就评论过两位教授:"闻一多集穿凿附会之大成;罗膺中集啰唆之大成!"他的无锡语音使他的评论更富力度。教员、助教互相看看,一言也不发。"处世无奇但率真",唐立庵先生是一个率真的人。他的评论并无恶意,也绝无"打击别人抬高自己"的用心。他没有考虑这句话传到闻先生、罗先生耳中会不会使他们生气,也没有考虑会不会有无聊的人搬弄是非、传小话,他觉得即使闻先生、罗先生听到,也不会生气的。西南联大就是这样一所大学,这样的一种学风:宽容,坦荡,率真。

## △点石成金:

"争鸣"应该是校园中必需的学术氛围。联大的宽容、坦荡、率真的氛围也正是它人才辈出的原因之一。青少年朋友在与人交流、讨论的时候,就应该如同走上了西南联大的讲坛,只有善意的批评和讨论,没有恶意的嘲讽和攻讦;只有"共同讨论,相互促进"的美好意愿，没有"打击别人抬高自己"的丑陋用心。

## 跑警报的逸事

　　西南联大时期有一次跑警报，邓稼先和杨振宁不知怎么竟躲在一个洞子里去了。听见敌机俯冲扫射的尖啸声，两人不仅毫不畏惧，反倒是很乐观、很轻蔑地嘲笑敌人的疯狂。炸弹在山头爆炸后，洞壁因受震而尘土纷纷崩落，他俩忙将头埋下来。等震波停止后，才慢慢掸去头发上、衣服上的泥土，望着彼此被泥土污得像花猴似的脸，哭笑不得。杨振宁禁不住脱口而出："唉，山河破碎风飘絮，身世浮沉雨打萍啊！"邓稼先觉得耳熟，忙问："这是谁的诗句？让我想想。'辛苦遭逢起一经，干戈寥落四周星。山河破碎风飘絮，身世浮沉雨打萍。惶恐滩头说惶恐，零丁洋里叹零丁。人生自古谁无死，留取丹心照汗青！'是文天祥，真是大义凛然，气节崇高啊。""他好像是宋朝人。宋朝的诗人我还是偏爱陆游。'僵卧孤村不自哀，尚思为国戍轮台。夜阑卧听风吹雨，铁马冰河入梦来。'一片爱国赤诚，千古不朽的佳句啊。"

　　"我真佩服你的记性，振宁兄，你是用什么方法记忆的呢？"邓稼先不无钦佩地问。

　　"没有方法。一是喜爱，二是理解。喜欢了，理解了，遇到适当的环境，那些背诵过的诗就自己冒出来了。你怎么请教起我来了?你忘了在崇德中学时,咱俩比赛背唐诗,你比我强得多呢。"

"是啊,李白、杜甫、王昌龄、孟浩然,都是我们最喜爱的诗人。"邓稼先说罢停了停,忽然调皮地说:"我再背一首诗,考考你作者是谁:'空山新雨后,天气晚来秋。明月松间照,清泉石上流。竹喧归浣女,莲动下渔舟。随意春芳歇,王孙自可留。'"

"听着诗情画意田园风味,好像是陶渊明的……"

"王维。这是我最喜欢的一位诗人。"

**△点石成金:**

邓稼先和杨振宁在跑警报逃命的危难关头依然不忘笑对生活,用诗歌来相互安慰,可见他们面临危险和恐惧是多么镇定与沉着,这种直面苦难的乐观精神,值得人们学习。也许你曾经因为考试成绩不理想或受到老师的批评而愁眉苦脸,甚至是痛哭流涕,现在想来必会感到些许惭愧。所以,擦干眼泪,学着笑对人生。

## 化悲痛为力量的费孝通

费孝通与王同惠在燕京大学社会系的聚会上相识,在共同感兴趣的学问切磋中相知,渐渐对对方产生了好感。一年后,费孝通虽然从燕京大学毕业进入清华大学研究院,但一条红线仍将相隔不远的清华园和燕园紧紧相连。

这种缠绵、高雅、精致、清新的爱情，虽然并不曲折，却颇富传奇色彩。他们除了风花雪月和花前月下，更有着理想的交融和心灵的默契，这使他们的爱情时时更新，不断生长。一对才子佳人，南北珠联璧合，一边在知识海洋里漫游，一边谱写着爱的诗篇。

培根说："有一些人，即使心中有了爱，仍能够约束它，使它不妨碍重大的事业。"费孝通、王同惠之间的爱便是如此，他们在热恋期间合作翻译了英文著作《社会变迁》和法文著作《甘肃士人的婚姻》，两书译文你中有我，我中有你，心血融会，共同署名发表，简直堪称二人爱情的结晶。有这样坚实的学业和爱情基础，他们以后共赴大瑶山瑶族社会考察，便是水到渠成、顺理成章的事了。而王同惠，也因此成为"现代中国从事民族考察研究的第一个女子"。

1935年夏，费孝通和王同惠在未名湖畔举行了简朴的婚礼，9月，这对新人应广西省政府之邀赴大瑶山。王同惠时为三年级学生，她自愿参加这次调查，瑶山工作完毕还将继续学业；费孝通已在清华研究院毕业并考取公费留学，其后则要漂洋过海远走英国了。他们与恩师吴文藻等"互相珍重勉励着"告别，但是组织却没有想到等待他们的竟会是一场悲剧。

他们晓行夜伏，一路涉过"极老的水道"，在"山壁峭立处竟疑无路"，披千里月色借住于"码头上的大帆船中"，便双双生出"不知今夜宿何处"的奇异感慨。他们幸福、激动，怀着探索的欲望相携而行。谁能料到,他们前面不但遮掩着瑶民的笑脸和瑶寨的美丽神秘,还隐蔽着悬崖、陷阱、激流、深渊等危险。这一去,他们的脚步将伴着收获的巨大惊喜和生离死别的极度伤悲!

无畏果敢的王同惠女士不幸遇难了!

美满的婚姻难得一遇,而转瞬间爱妻香消玉殒,撒手而去。同时身受重伤的费孝通悲痛欲绝,请人精心设计了亡妻同惠之墓,并亲笔写下一篇平实而又奇特的碑文以记爱妻之死。

这里最动人、最令人唏嘘之处,便是同惠"怀爱而终",孝通"半夜来梦",爱妻为他们夫妇的共同事业、为救丈夫,已含恨长眠深山,肝肠寸断的性情男儿为追寻爱妻而泣血呼唤"魂其可通"。这篇碑文记录着他们的艰难事业和他们的生死爱情,将与墓主和青山一起长存。

费孝通竭力把突如其来的巨大不幸深埋在心底,揩干眼泪,更加坚定地去走同惠未能行完的路,所谓"化悲痛为力量",即此之谓也。

一段美丽、热烈、充满着柔情蜜意和美好理想的婚姻就这样不幸夭折了,但真挚的爱情并没有泯灭,而是日越久其味越浓,一直激励着费孝通在生活和事业的道路上不断地前行。他怀着这份爱走向江村、走向群众、走向农民,走向中国社会学的巅峰,并一直走向世界社会学舞台。那是有王同惠在前面向他招手,向他发出深情的呼唤……

在奠定费孝通社会人类学巨擘地位的《江村经济》一书的卷首，费孝通深情写着：献给我的妻子王同惠。

△点石成金：

悲痛其实并不可怕，可怕的是在悲痛中消沉、绝望，这样不仅无法缓解和减轻我们的悲痛，反而会让自己在悲痛的泥潭中越陷越深。因此，不管我们正经历着怎样的悲痛，我们都一定要将它转化为一种积极向上的力量。"化悲痛为力量"从某一个角度来说，也是化解悲痛的最佳方法。

## 人生没有过不去的坎

1940年12月的下午，寒风凛冽，费孝通扶着即将分娩的妻子，走在回家的路上。突然八架日本飞机从他们头上掠过，扔下了炸弹。"不好，我们的家被炸了！"妻子惊叫起来，随后感到腹部一阵剧痛，便跌倒在地。费孝通扶起痛苦挣扎的妻子，想找个干净的小屋。然而别人一看，就知道他的妻子要生了，而当地的风俗是谁家的孩子在谁家生，接纳别人家的孕妇在自己家生孩子是会倒霉的。费孝通扶着即将分娩的妻子，走了一家又一家，始终没有人愿意接纳他们。

夜幕已经降临，妻子的腹痛一阵紧似一阵。费孝通——这位研究民族文化和"乡土中国"的学者,眼里噙满泪水。现在费孝通已经是急得走投无路。最后,听说县城背后的小山坡上住着一位广东医生,他赶紧把妻子背到那位医生家,这时已是子夜,妻子破水已经两个多小时了。医生同意他们在自己的诊室里把孩子生下来。但他十分遗憾地说,他是一名牙医,对生孩子的事一窍不通。

费孝通的女儿是在凌晨的寒风中降临人世的。那一夜,费孝通憔悴了许多。日寇的飞机就在那夜埋葬了他所有的家产,已身无分文的他用自己唯一的一件西装,裹着初生的女儿,告别了广东牙医。后来农民们从家里凑来了一件件小衣小褂,给孩子御寒。他们真心诚意地对费孝通说:"穿百家衣长大的孩子,以后长得结实。"

### △点石成金:

就像费孝通这一代人在战乱中所经受的苦难一样,人的一生总会有一些"坎"。比如,你可能由于某位亲人的过世而痛不欲生,也可能由于过去犯过的某个错误一直难以释怀。但是,你必须明白,这些都是成长和生命过程中不可避免的片断和经历。如果不能改变,就拿出勇气去承受,因为所有痛苦都会成为过去,我们必会迎来拨云见日。

# 失败乃成功之母

1937 年,清华物理学教授赵忠尧从英国剑桥大学卡文迪许实验室学成归国,卢瑟福将 50 毫克放射镭交给了他。带着 50 毫克镭回国后,为了找到清华的师生们,他冒着生命危险,化装成难民,把装镭的铅筒放在一个咸菜坛子里,带到了长沙。这几乎是当时中国高能物理的全部家当。

1942 年初,物理系为了给高年级学生开设高能物理方面的课程,打算建一台小型的回旋式粒子加速器,利用这 50 毫克镭进行物理实验。

实验遇到的第一个难题就是需要大量钢铁。战争时期,钢铁属军事物资,市场上根本买不到。于是物理系发动高年级学生收集废钢铁。杨振宁、朱光亚、黄昆等高年级同学首先被动员起来,他们每天提着麻绳,拎着箩筐,在昆明城里走街串巷,脚下的鞋子磨破了,衣服也被捡来的废铁勾了几个洞。"有破钢烂铁收来卖——"杨振宁像许多同学一样,用学来的昆明话喊着。为了炼铁为钢,物理系又悄悄在学校后面的白泥山建立了一座小高炉。但几个月过去了,收集到的废钢铁才一百多千克,还差得很远。到了这年的秋后,联大物理系研制回旋加速器的计划最终还是告吹。

但是这项试验激发了一代又一代的中国物理学家。1959年，赵忠尧教授亲自参加了划时代的中国第一台粒子加速器的工程，并取得成功。西南联大学生杨振宁、朱光亚、黄昆等，后来都成了这个领域响当当的巨人。在他们的一生中，始终牢记着当年西南联大的四字校训，它们是：刚毅坚卓。

## △点石成金：

失败不是对于成功的彻底否定，而是通向成功的必经过程。如果在一次考试失利或者一次对弈中成为输家，这都不能说明什么，问题的关键在于你能否从失败中总结教训，分析原因，找到正确的方法。只有这样，你才算迈出了从失败走向成功的关键一步。

## 第五辑

# 打造自强不息的英雄本色

20世纪初,梁启超先生在清华做的题为《君子》的演讲为清华优良学风和校风的形成产生了深远的影响。为此,清华以"自强不息,厚德载物"作为校训。近百年的时间过去了,清华人秉承着这种精神,战胜苦难、锐意创新、不断进取,取得了举世瞩目的成就。

事实证明,无论是个人还是国家民族,自强都是生存的硬道理,自强才有尊严,自强才能获得发展。

# 自强不息天行健

清华大学的校训是：自强不息，厚德载物。

"自强不息"和"厚德载物"语出《周易》："天行健，君子以自强不息。""地势坤，君子以厚德载物。"1914年冬，梁启超在清华学校做了一篇题为《君子》的演讲，对"天行健，君子以自强不息"和"地势坤，君子以厚德载物"进行了解释，并勉励清华学生："清华学子，荟中西之鸿儒，集四方之俊秀……深愿及此时机，崇德修学，勉为真君子，异日出膺大任，足以挽既倒之狂澜，作中流之砥柱,则民国幸甚矣！"鼓励清华的同学"先从个人、朋友等少数人做起，诚诚恳恳脚踏实地地一步一步去做，一毫也不放松"，这样最终会"在社会上造成一种不逐时流的新人"，即使做学问，也要"在学术界造成一种适应新潮的国学"。他的演讲对清华优良学风和校风的养成产生了深远的影响。这次演讲之后，学校即以此八字为校训，并将其做成图案并制成校徽，永久流传。1917年修建大礼堂即以巨徽嵌于正额，以供瞻仰，使之广为流传。

## △点石成金：

清华大学"自强不息，厚德载物"的校训将深入每一个清华人骨髓的自强精神表达得淋漓尽致。这"自强"二字对于青少年来说尤其可贵,唯有自强自立,摆脱对父母、师长的依赖,才有可能实现健康、全面的发展。

## 从工字厅到国立清华大学

如果说俄国圣彼得堡起源于一顶帐篷,那么,清华大学的起源就是这工字厅。彼得大帝在帐篷里开拓了一座城市,而清华大学则从工字厅开始,奋斗成了中华名校。

清华工字厅的大小房间到底有多少,谁也说不清。如果从天上看,它的主体是用一条游廊把前后两排房子连成一体,形成一个"工"字,所以被称为"工字厅"。1909年夏天,清朝外交部在这里设置"游美学务处",向美国派遣留学生。就在这年深秋,47位少年远渡重洋。后来,工字厅扩展成赫赫有名的清华大学。

工字厅西行1千米,是圆明园,清朝六代皇帝曾在那里生活。1867年第二次鸦片战争爆发后,八国联军侵华,当时火烧圆明园,大火一直烧过近春园,却在接近清华园时,渐渐熄灭。因此,清华园躲过一劫,依然是乾隆笔下的"水木清华"。

20世纪第一年,洋人们又来了,而且是"八国联军"。淳亲王的两个儿子气愤不过,便把义和团招进清华园,抵抗八国联军,因而一个被撤职查办,一个获重罪发配新疆,淳亲王留下的清华园也被慈禧没收,陷入荒芜。这一年是庚子年,战败赔偿便叫"庚子赔款"。正是这笔屈辱的赔款,造就了后来的清华。美国人把相当于现在的 2 亿美元的赔款退还中国,要清朝外交部设立"留美培训学校"。

一切准备都已经做好了,但清华仍是"清华学校",而不是"清华大学"。后来,国民政府教育部长蔡元培选中罗家伦,要他迅速北上,加强推行清华改制,建立"国立清华大学"。

就像蔡元培执掌北大时一样,罗家伦同样希望改造一所学校以改变全国学风,方法是开设《党义》和《军训》,这使北大的革命思想和清华的建设思想发生了强烈碰撞。凭借强悍的政治背景,罗家伦一改清华 17 年来从属外交部的畸形传统,使清华为教育部控制。1928 年秋天,罗家伦宣布,清华学校从此升格为"国立清华大学"。

## △点石成金:

清华大学从一开始依附于外交部由"庚子赔款"建立起来的"留美培训学校",到归属于教育部的独立自主的清华大学,正是清华精神中自强不息的最佳的阐释。清华一直在努力,一直在向着建立一流大学的目标而努力奋斗。直至今日,清华依然在自强的基础上继续自强,而这种自强的精神必将使清华大学跻身世界一流大学之林。

## 自信才是决定性的因素

在向科学高峰攀登的崎岖道路上，只有那些不畏艰辛、决心最大、信心最强的人，才有希望达到光辉的顶点。

有人曾问诺贝尔物理学奖的获得者李政道成功的原因，他深有体会地说："在科学事业上取得很大的成功是很不容易的，这不是每个人都能做到的。除了付出极大的努力，要刻苦奋斗之外，还必须有坚强的决心和信心。物质条件是次要的。"

李政道回顾他在西南联大求学的日子时说："在国内学习的时候，那时候的西南联大条件很差，十几个人住一间草房子，每两个星期还要煮一次臭虫，不然睡觉也睡不成。学校的实验设备就更差了。但是，我们并没有因此而丧失信心、放松学习，相反，大家对学习抓得很紧。不少著名学者像黄昆、朱光亚、杨振宁和我都是从西南联大出来的。后来到美国学习，也不因国内的条件差就低人一等。不过是一些仪器、设备在国内时没见过。没见过的，看见一次就知道了，用两次就掌握了，并没有什么了不起。"

李政道经常和研究生在一起交谈，告诉他们无论做什么事情都要有信心，并且要付诸行动。

的确，自信不是依靠任何的外物而得来的，它应该是发自内心深处对自己的内在的肯定。

◁**点石成金：**

　　自信作为自强的前提是至关重要的，缺乏自信的人是很难实现自强自立的，因为他连迈开自强的第一步的勇气都没有。自强要求不依靠任何人，自力更生。只有对自己充满信心的人，才敢于去丢掉所有的依靠，最大限度地发挥自己的能力，实现自身的自强自立。

## 身残志不残的华罗庚

　　华罗庚19岁那年，他的母亲因病逝世，他不幸也染上了极其可怕的伤寒病。从旧历腊月廿四日开始，整整病了半年。请来的老中医也对他父亲说："不用开药了，他想吃什么就给他吃点什么吧。"

　　然而，奇迹发生了，华罗庚并没如医生断定的那样夭亡，在第二年端午节那天，他又能够起床了。这"奇迹"或许正是由于他那顽强的求生意志吧。但左腿髋关节骨膜粘连，变成了僵硬的直角。从此，华罗庚必须拄着拐杖走路。

　　对一个残废的人来说，谋生并不是一件容易的事情。但华罗庚并没有因此而倒下去，他在数学书籍中找到了属于他自己的广阔天地。

　　但家境的贫寒让华罗庚不得不从中华职业学校退学，他随后在金坛中学谋得了一份工作。华罗庚从校长王维克的手中借了一些数学书籍，开始了自学之路。他白天勤奋工作，晚上不顾残腿钻心的疼痛，在昏黄如豆的灯光下遨游于数学王国中，他决心用"健全的头脑，代替不健全的双腿"。

  他的自学，在当时遭到了父亲的强烈反对。他的父亲看不懂数学书上那些古怪的符号，便对儿子大发脾气："你看这些天书做什么？书又不能当饭吃。"——多年以后，西方一本数学杂志刊登一幅漫画，画中的华罗庚，抱着几本破书，被拿着烧火棍的父亲追得满屋跑。父亲威胁儿子，要他把数学书扔到炉子里……

  终于，华罗庚在当时中国自然科学方面最权威的杂志《科学》上发表文章了，与李四光、竺可桢、翁文灏、苏家驹等名家站到了一起，后来又被聘为西南联合大学教授。华罗庚的勤奋得到了回报。

## △点石成金：

  如果一个人的志向足够远大，那么，他身体上的残缺阻挡不了他进取的步伐。正如华罗庚，不健全的双腿并不能阻碍他靠健全的大脑摘取数学的桂冠。是的，无论自身有哪些难以改变的不利条件，只要我们拥有健全的头脑和一腔热血，就有可能获得成功。

# 为了让中国人用电脑更方便

早期的电脑系统都是必须使用英文操作,这样很不利于我国计算机事业的发展。为了让中国人用电脑更方便,我国决定用自己的力量向微电子技术攻关,开始了1.5微米成套工艺开发及1兆汉字只读存储器的研制,这个重任落在了清华微电子研究所的肩上。然而,事情并不像想象的那样容易。

当时在任的高景德校长默默地听着微电子所项目负责人的汇报:建设流水线所需的设备已完成了选型、谈判工作,有关的资金却迟迟不能到位,一切将陷入停顿。

高校长一根接着一根地吸着烟,许久,他都一言不发。承担项目容易,但真正运行起来却是困难重重,资金问题,已成为困扰全所的最大问题。但中国科技的发展已经容不得犹豫了,一时的拖延,对于技术的停滞可能就是几年,甚至几十年!核能所二十年的举步不前就是前车之鉴。终于,高校长霍地站起来,两个握紧的拳头敲在桌上,抛出一句沉甸甸的话:"不能停顿!就是当了裤子也要支持!"

这句话在当时看来并不夸张,国家的资金不到位,学校自己又没钱,能拿出的只有职工们赖以糊口的工资。有了高校长的话,副校长张孝文立即冒着巨大的风险,硬着头皮从要发给教师的工资中拨出几百万，凑足了款项，买下了设备。

每个人的心里都清楚，这是几千位靠工资吃饭的教职工的血汗钱，如果工资迟迟不发，即便到不了"当裤子"的境地，吃不上饭的危险还是有的。然而，最终这笔资金还是到位了，工资发了出去。但国家应给的5000万却削减成了3000万，资金的紧缺依然没有缓解。

为了节省，搞基建、搬运设备等工作全都是自己动手；去外地出差的人总是要在异地街头徘徊很久，寻找一家最便宜的旅馆；为了争取仪器进口的免税权，有关人员光是海关就跑了四十多趟——他们在不到五年的时间里，仅仅用了4000万元就成功地完成了项目。

就是这样，一分一角，集腋成裘，在最为困难的关头，清华开创了又一座高校科研基地。

△**点石成金：**

在生活中遇到困难的时候，如果别人无法提供帮助，唯一的应对办法就是依靠自己。自己的问题自己想办法去解决，自己的事情就尽其所能去做好，这不仅仅是一种独立，更是一种自强。

## 我的祖国需要电子管

1933年9月,按照清华大学的相关规定,轮到吴有训出国研究度假。因研究时间较长,因此,许多教授在得到这种机会时,都会携带家属同行。但是,吴有训毅然放弃了携妻儿同行的打算——他这次美国之行的目的便是去学习电子管生产技术。

9月16日,吴有训在上海乘胡佛总统号轮船赴美,先到芝加哥探望他的导师康普顿。五年不见,康普顿对吴有训的到来非常高兴,非常希望吴有训来和他合作研究,或者他自己另选课题研究。当吴有训告诉他准备暂时放弃纯学术研究,要学造电子管时,康普顿惊得两眼发直,半天才回过神来,摇着头说:"不,不,吴有训,你这是糊涂想法。制造电子管不需要你这样高深的学问,你这是浪费,这将使科学感到遗憾。"

"但是,我的祖国现在急需电子管。"吴有训坚定地说。

"那你们的国家就应该派技术工人来学习,而不是派你!"康普顿很不理解地问道。

"不,康普顿先生,请原谅,我必须坦率地告诉您,我们不可能通过政府外交或正式贸易的途径来解决这个问题,那将会涉及你们美国的专利转让以及出口许可等许多麻烦的法律问题。而且,我们也买不起美国厂家的全套图纸和技术资料。我们只是想通过考察，基本了解工艺流程和某些重要的技术参数，然后我们再通过自己的研究，另行设计制造。而这，自然是一般技术工人所无法做到的。"吴有训很坦诚地说。

于是，吴有训在当地一个朋友的介绍下，进了一家电子管生产厂家。吹制真空玻璃管是制作电子管的第一道工序。吴有训在这里整整工作了四个月。他一边上班干活，一边注意搜集有关资料。当劳伦斯、朴尔、努特森等已在科研上崭露头角的美国同学听说他在玻璃管厂整整打了四个月的工时，无不被他忠诚的爱国精神所深深地感动。

△ **点石成金：**

吴有训放弃了自己熟悉的研究领域和更好的个人发展空间，这是因为中国需要电子管，而这又与国家和民族的自强相联系。在未来社会，人与人之间的竞争日益激烈，无论是国家还是个人，都必须让自己强大起来，才能迎接外界的各种挑战。

# 初生牛犊不怕虎

西南联大时期，虽然处于乱世，但西南联大从未放松过招生的标准，以保证生源的优质。有一天，吴大猷家里来了个小胖子，自报家门说是从浙大来的，想进联大物理系。吴大猷向他解释说，联大物理系要求很严，不是什么人都可以进的。于是小胖子要求吴教授出题考考他。吴教授便出了两道相当于入学试题水平的题目，小胖子很快就做出来了。吴于是又出了两道相当于大一水平的题目，小胖子又很快做出来了。吴再出相当于大二水平的题目，情况又是如此。这时，吴大猷对这个小胖子不敢轻视了，不仅收他旁听，而且很快将他转成正式生。从此以后，小胖子成了吴教授家中的常客，而每次来，都要恳求吴教授给他两道难题做做。

这个"小胖子"就是李政道，后来的诺贝尔物理奖获得者。

当吴大猷可以推荐两位年轻的助教人员出国深造时，吴大猷选中了当时已是研究生的朱光亚，另一个就是李政道，而当时李政道本科都还没有毕业。

## △点石成金：

初生牛犊不怕虎的精神非常可贵。机会往往垂青于那些有真才实学又敢闯敢拼的人。一个人，仅有过人的才华是远远不够的，你还必须将这种才华展现出来，为自己争取成功的机会。因此，"该出手时就出手"，如果你是一块金子，不妨让自己发出金子的光芒。

## 不惧权威的王国维

清华研究院导师王国维先生自幼身体羸弱,喜欢安静,性格有些孤僻,但聪颖好学,很得老师的喜爱。在私塾,他读《神童诗》,读《三字经》,也读《幼学琼林》,不长时间,便完成了规定的学习任务,继而接触"六经"。十来岁的时候,他便开始了广泛的课外阅读,"家里有五六筐的书,王国维小的时候除了不喜欢《十三经注疏》外,其余的书都很喜欢,而且总是会在晚上从私塾回来后慢慢地看。"

年少的王国维在认真研读《群经平议》的基础上,仿效俞越批驳郑玄《注》文的样子,对这部高水平的著述,撰文"条驳"批评。书写完之后,被他的父亲看见了。王乃誉认真翻阅一遍后,在日记中写道:

见静条驳俞氏《群经平议》,大率直,既自是,又责备人。至论笔墨,若果有确见,宜含蓄谦退以书,否则所言非是,徒自取尤;即是,亦自尊太过,必至招尤集忌。故痛戒所习。

在这方面王国维没有丝毫的瞻前顾后,而是敢怒敢言,不惧权威。这种精神,对于他选定平生的事业,并在哲学、美学、文学等诸多方面有创造性的建树,奠定了良好的基础,培养了必胜的勇气。

## △点石成金：

所谓"尽信书，不如无书"，权威也是人为建立起来的，也是在不断地改进和变化的，并非一成不变。因此，我们没有必要过分地迷信权威，而要对事物、对真理有理性的思考和判断，即使其结论与权威有所偏差，也不应立刻放弃自己的观点，而应该在更为深入思考的基础上做出理性的决定。只有凡事不迷信，不武断，有自己的思考和判断，才能让自己的知识结构和认知体系，有更好的增长和发展。

第六辑

# 独立思考展现真理的光芒

清华的校园和课堂，仿佛是战国时期诸子争鸣的讲坛。正是清华提倡的"学术自由、独立思考"的精神让它的身影一直鲜活生动，不凝滞、不萎缩。清华人都敢"叫板"，都敢挑战传统，打破常规。这种精神，用陈寅恪先生的名言来形容最恰当不过：独立之精神，自由之思想。

## 喜欢唱对台戏的华罗庚

曾经在清华大学任教的数学家华罗庚上初二时,他的语文老师比较喜欢胡适的作品,于是要学生读胡适的作品,并写读后心得,分配给华罗庚读的,是胡适的《尝试集》。

但华罗庚只看了胡适在《尝试集》前面的"序诗",就掩卷不看了。那序诗是:"尝试成功自古无,放翁此言未必是,我今为之转一语,自古成功在尝试。"

华罗庚说:"这首诗中的两个'尝试',概念是完全相反的,第一个'尝试'是'只试一次'的意思,第二个'尝试'则是经过无数次的'尝试'了。胡适对'尝试'的观念如此混淆不清,他的《尝试集》还值得我读吗?"他当时只有13岁,就能够看出胡适的逻辑错误,这也可以见得他是有缜密的"科学头脑"了。

还是那位语文老师,有一次出了一个作文题目——"周公诛管蔡论"。依据正史的说法,管叔、蔡叔都是周武王的弟弟,武王去世,成王年幼,周公旦摄政,他们二人不服,连同一个叫武庚的一起叛乱,结果叛乱被周公平定,管、蔡服诛。写此题目,一般的写法当然是应该说周公诛管蔡,诛得对。但华罗庚却做了一篇"反面文章",他说周公倘若不诛管蔡,说不定他自己也会造反。正因为管、蔡看出了他的意图,所以他才把管、蔡杀了以灭口。但他既然用维护周室的名目来诛叛逆,他做了这件事,自己就不便造反了。国文老师这次特别生气,大骂华罗庚"污蔑圣人",几乎要号召全体学生群起而攻之。

华罗庚不慌不忙地辩解道:"倘若你只许有一种写法,为什么你出的题目不叫做'周公诛管蔡颂'?既然题目有'论'字,那就应该允许别人'议论',是议论就可以有不同的意见!"这段辩驳,逻辑性之强让那位老师也只好作罢。

△点石成金:

即使一个经过自己的独立思考而得出的错误结论,也比没有经过自己的思考而人云亦云得出的正确结论,要强得多。要知道,如果你从未对老师和书本上的内容产生疑问或不同意见,那只能说明你缺乏独立思考的精神,需要在这方面不断改进。

## 敢向大师叫板的张荫麟

1923年秋,清华大学刚开学不久的一个晚上,在当时就已有"北方学术巨擘"之称的梁任公(启超)先生的《中国文化史》的讲演班上。梁先生在开始讲课之前,先从怀里掏出一张纸,向堂下听讲的学生问道:"哪位是张荫麟君?"应声站起来的是一位刚满 17 周岁的文弱少年，他是今年刚进校的新生张荫麟。

张荫麟虽然入校刚一两个月，但以各种方式——写信或公开发表文章向梁大师问难却不止一次了。当年 9 月的《学衡》杂志第 21 期上，发表了他的《老子生后孔子百余年之说质疑》，就是针对梁任公《评胡适中国哲学史大纲》一书而发的。梁任公在书中考证说，"老聃与孔子并不是一个时期的人"，前者大约在后者出生后 100 年左右才出生，因而《老子》一书并不是老聃所作，甚而认为老聃的活动时间应在孟子之后。张荫麟认为"其言信否诚吾国哲学史上一问题"，因"不揣鄙陋，仅述管见……"稍后，他又写信给梁大师，就梁的《中国近三百年学术史》系列讲演中的一个附表中的多处纰漏和疑点一一提出质疑。梁回复说：该表采自日本人著作，而该日本人又采自欧人某书，并未注明出处。梁任公在信中承认，"……其中的错误是难免的"。于是张荫麟又穷追不舍，经过核查，撰发了《〈中国近三百年学术史〉附表一"明清之际耶稣会教士在中国者及其著述"校补》一文，其中说："顷继续研究，又得其中遗漏错误者二十余事。兹并录以质正于任公先生。"他这一次次非凡的表现，备受梁大师的注意和赞赏。当任公先生最初读到张荫麟的文章时，还以为是哪位大学教授或专门学者写的。后来知道竟是一位今年刚刚入学的学生时，不由感叹："此天才也！"他这次在讲课之前先把张荫麟叫起来，就是为了认识并当众褒扬这位天才学生，并顺便回答他的问题。

△**点石成金：**

　　一个敢于叫板的人，即使偶尔叫错了也比那些从来都没有独立思考过而一味迷信权威的人要强多了。像张荫麟这样的叫板和挑战正体现了现代学者陈寅恪提出的"独立之精神，自由之思想"——一种极为可贵的为学和做人境界。

# 教我如何不想她

　　中国的汉字曾经历了一个由文言文到白话文的发展过程，这其中的变革异常地艰难，但同时也凝聚了不少语言学家们的心血和才智，清华大学的赵元任教授就是其中的一位。

　　赵元任曾把北大中文系教授刘半农的诗谱写成歌曲《教我如何不想她》，这位留学美国时曾在数学、天文、物理考试中得过满分的高才生，此时和刘半农一样，做了语言学家。就在这首诗中，刘博士为汉语创造了"女"字旁的"她"，而赵博士第一次使用西方音乐技巧，把"女"字旁的"她"唱进了千家万户。从那时开始，我们不再像古代那样，用单立人旁的"他"去代替"女"字旁的"她"，也不必再像早期白话文那样"伊伊""侬侬"。

◁ **点石成金：**

从"伊伊""侬侬"一直到"她",不仅是语言学上为了书写和使用而进行的一次创新和变革,更体现了对女性的认同与重视,体现了社会的进步。的确,好的创新是能给我们的生活带来方便和好处的变革,有利于社会的进步。

## 赵元任的特色婚礼

我国著名的语言学家赵元任是一个十分注重创新的人。他勇于创新的性格,不仅表现在他对语言学的研究和他的音乐创作上,也体现在他的爱情、婚姻生活等方面。他敢于打破传统礼教,自己选择婚姻道路,最终也获得了终生的幸福。

赵元任的父母去世后,家里就为他包办了一门婚事,但是赵元任与未婚妻从未见过面,更没有任何感情基础。随着年龄的增长和思想的成熟,赵元任坚决反对包办婚姻,决定退婚。他曾经向长辈多次提出退婚一事,但每次都遭到了斥责。1920年在清华执教期间,他认识了当时森仁医院院长杨步伟女士。不久两人恋爱。于是他托亲戚在中间斡旋,最后以付给对方1000元教育费的方式正式与家中原来安排的未婚妻退婚。

赵、杨两人的婚礼颇有特色,简单而富有意义。他们没有举行任何仪式,只是给亲友寄了结婚照片和通知书。在通知书上说,他们将在1921年6月1日下午3点东经120度平均太阳标准时结婚。为了破除当时社会铺张、烦琐的不良习气，在通知书上还注明，除了两项例外绝对不收贺礼：一项是"抽象的好意，例如表示于书信、诗文，或音乐等，由送礼者自创的非物质的贺礼"；另一项是给中国科学社的捐款。胡适和朱徵是他们的证婚人。这对新式人物的新式婚礼轰动了当时的新闻界，被誉为"新式人物的新式结婚"，在知识界被传为美谈。

此后他们在人生道路上一起走过了将近60年。两人都出身于书香门第，都有着丰富的生活阅历，都接受了新思想，敢于向旧的习惯势力挑战。赵元任是个天才，沉默寡言，但风趣幽默；杨步伟是个能人，豪爽善辩，言辞锋利。两人可谓十分互补，真是天造地设的一对。后来他们的四个女儿，受其影响，他们自己以及子女的婚礼都一切从简，除了完成必要的法律规定的手续外，没有举行任何仪式，也不让朋友们送礼。

△**点石成金：**

打破旧的传统和禁锢固然好，但若能在此基础之上建立起新的则为更好。"破旧立新"不仅扫除了旧传统中糟粕的东西，而且能立出一个新的进步的、好的榜样供大家学习和效仿，这也是"破旧立新"的意义和作用之所在，其实"破旧"并不难，难就难在要"立新"。

## 以群为体，以变为用

梁启超认为治国之道应"以群为体，以变为用"。他与谭嗣同等人总是追求新事物，向往新气象，反对守成，鞭笞旧传统和一切陈腐的东西。他们认为社会和自然总是前进的、变化的、运动的，会越变越好，只有变才能新，只有变才能迎来人类的进步和社会的文明。梁启超援引欧美发展的历史，反复论证物新则壮、理新则强、器新则盛，没有革新便没有新事物的成长，更不会有社会的进步。不仅如此，梁启超还非常用功地钻研西学，他在读西方书籍时总会有记笔记的习惯，每看完一本书便写下自己的学习心得。每半月交一次，康有为认真审问，并且给予很详细的指点。康有为有一本《蓄德录》，是每个学生抄录的名言、佳句和书写的志趣爱好，互相传阅，使每一个人都从中受益。康有为讲课前，先开出书目，让学生预习，写出心得，再组织讨论，相互辩驳。然后，康有为主讲，既讲自己的观点，又评论各学生的见解，针对性强，启发也很大。

康有为首次提出了德、智、体全面发展的教学原则，使万木草堂成为中西学并重的新式学堂。康有为主张学以致用，全面发展。

梁启超是为解决中国的现实问题去研究学术的，这一点使得他能和康有为心心相印，同时也促使他去广泛地思考问题。启动梁启超思想的钥匙，一是客观现实，二是康有为的学术观点。而康有为在万木草堂讲学时，总是"大发求仁之义，而讲中外之故，救中国之法。"

这些都大大地启发了梁启超，他的思想如"万埑分流，各归一方"。这时他已开始了创造性的理性思维，显示出他思想家的风姿。

△点石成金：

正如梁启超所说，社会和自然总是前进的、变化的，会越来越好。变化并不可怕，可怕的往往是一成不变和"怯于改变"，在新事物面前，我们要敢于解放思想，大胆地适应无时无刻不在的变化，在变化中获得发展。

## 2+5=10000

清华教授、著名诗人闻一多的新诗曾一度影响了20世纪20年代的诗风。他提倡新诗要有音乐美、绘画美、建筑美，在论文《诗的格律》中表示，诗人应"戴着脚镣跳舞"。闻一多同时还是一位学者，1932年被聘为清华大学中文系教授。他醉心中国古典文学，学术研究从唐诗开始，涉及诗经、楚辞、上古神话等领域。

学者闻一多既有治学的严谨,又有诗人的浪漫,并且把这种诗人的性情也带到了课堂上,有一次给中国文学系的学生上课,他信步走上讲台,先在黑板上写了一道算术题:2+5=?学生们疑惑不解,以为老师走错了教室,要不为什么文学课要出一道数学题,而且还是如此简单的数学题?教室里一时议论纷纷,然而,闻先生却不顾讲台下的议论,执意要同学们回答:2+5=?同学们于是回答:"等于7嘛!"

闻先生说:"不错,在数学领域里,2+5=7,这是天经地义、颠扑不破的真理。但是,在艺术领域里,2+5=10000也是可能的。"一听这话,全体学生又不明白了,这位老师葫芦里到底卖的什么药?等着看他如何解释。只见闻一多拿出一幅题为《万里驰骋》的国画让学生们欣赏。

这幅国画很简单,画面上只是突出地画了两匹奔马,在这两匹奔马后面又错落有致、大小不一地画了五匹马,这五匹马后面便是许多影影绰绰的黑点点了。

闻先生指着画对大家讲解:"从整个画面的形象看,只有前后七匹马,然而,凡是看过这幅画的人,都会感到这里有万马奔腾,这难道不是2+5=10000吗?"

学生们听罢,恍然大悟。原来闻先生用这个简单的算术题形象地说明,文学艺术作品的容量是不能像数学公式那样来计算的。

△**点石成金：**

2+5=7，这是数学的逻辑，2+5=10000，这是艺术的逻辑，此两种逻辑之间的重要差别就是想象力，想象力的培养至关重要，它一方面关系着生活的丰富与美好，另一方面关系着创造力的生成，天马行空的想象力往往是激发创造力的内在能量。

## 梁启超对联认错

梁启超先生曾经说过，对联是一种"苦痛中的小玩意儿"，意思是说文字游戏虽然是雕虫小技，但却需要大学问才可以做。他曾经收集过很多对联，并且汇编成一本书，名字就叫《苦痛中的小玩意》。

梁启超自幼天资聪慧，一次他随父亲到城里办事，夜里寄宿在秀才李兆镜家。梁启超初次到别人家寄宿感到十分好奇，就这里看看那里瞧瞧，一刻也闲不下来。李家正厅对面有个杏花园，头一天，梁启超由于一直跟父亲一起，没能尽兴一游李家的花园。第二天早晨起来趁父亲不在，便到杏花园玩耍，他看见朵朵带露杏花争妍斗艳，十分可爱，瞧左右没人注意，便摘了几朵拿在手里赏玩。

这时忽然听到脚步声由远而近，原来是父亲与李秀才来了。梁启超赶紧将杏花藏在袖子里，但还是被父亲看见了。当着朋友的面，父亲不好意思责怪儿子，但又为儿子的举动感到惴惴不安，于是在宾主落座以后，便想了一种含蓄的方式来提醒他，便对梁启超说："我出个上联，你来对下联，对得上，就可以在边上作陪；对得不好，就要向长辈们敬茶。"梁启超当时便答应了。

父亲于是马上吟出了一个上联："袖里笼花，小子暗藏春色。"梁启超听了上联，知道父亲的话里有话，很明显是在提醒自己，不禁恍然大悟，他仰头凝思的工夫正好瞥见对面厅檐挂着的"挡煞"大镜，也立刻道出下联："堂前悬镜，大人明察秋毫。"听此李兆镜拍掌叫绝，连声赞好。一句对联，既让父亲消了气又巧妙地恭维了李秀才。使得所有的人都沉浸在宾朋一片欢乐的气氛中。

## △点石成金：

我们对梁启超的对联认错这种方式恐怕还是第一次听说。的确，这样的一种认错方式一方面达到了诚意认错的目的，另一方面也从侧面展示出了梁启超的天赋才华，更活跃了当时的气氛，让别人对他的怒气也消逝在欢愉的氛围之中，真可谓"一举多得"！

## 索性做个语言学家比任何其他都好

清华教授赵元任从小就流露出对一切新鲜事物的敏感。他兴趣爱好广泛，对新的事物有着近乎狂热的追求。在美国留学期间，赵元任坚持了自己广泛的兴趣，并且集中发展了其中的几项，如语言、音乐、天文等。知识的增长使他在几个学科之间徘徊不定，难以取舍，但也为他提供了发展的机会。他在拓展自己知识的同时，坚持不断寻找最佳的主攻方向。

1915年以后，赵元任一直在考虑学成回国做什么，自己最适合做什么的问题。他时常和同学讨论中国语言的问题。他觉得自己也许适合研究中国语言问题，又想到自己一生的工作也许是国际语言、中国语言、中国音乐和认识论。

在1916年元月的日记中他写道："我大概是个天生的语言学家、数学家或音乐家。"在他的日记中，他也曾表示"索性做一个语言学家比任何其他都好"。从他的字里行间，我们不难看出他对自己未来的思考，以及兴趣的偏好。在当时来说，从事语言研究是一种比较冷清的专业，而赵元任却想要向这个领域发展，充分显示出他的不畏艰险，勇于创新的精神。

## △点石成金：

对新事物充满好奇，从而去追求，本身是件好事，但我们也必须注重理性的运用，不能让兴趣和精力分得过于零散，这样会导致只有广度而没有深度。因此，我们必须将时间和精力放在一个主攻的方向上，才有利于我们更快更好地成长。

# 梁启超的一次演讲

梁实秋在《梁实秋怀人丛录》中记述了他做学生时，在清华学校聆听梁启超的题为《中国韵文里表现的情感》的演讲时的情景：

我记得清清楚楚，在一个风和日丽的下午，高等科楼上大教堂里坐满了听众，随后走进了一位短小精悍、秃头顶、宽下巴的人物，穿着肥大的长袍，步履稳健，风神潇洒，左右顾盼，光芒四射，这就是梁启超先生。他走上讲台，打开他的讲稿，眼光向下面一扫，然后是他的极简短的开场白，一共只有两句，头一句是："启超没有什么学问。"眼睛向上一翻，轻轻点一下头："可是也有一点了！"这样谦逊同时又这样自负的话是很难得听到的。他的广东官话是很标准的，距离普通话就很远了，但是他的声音沉着有力，有时又是洪亮而激昂，所以我们还是能听懂他的每一字，我们甚至想如果他说标准普通话的效果可能反而还要差一些。

我记得他开头讲一首古诗：

公无渡河。

公竟渡河！

渡河而死，

其奈公何！

这四句十六字，经过他一朗诵，再经过他一解释，活生生呈现出一出悲剧，其中有起承转合，有情节，有背景，有人物，有情感。我在听先生这篇讲演后约二十多年，偶然中还有机会在茅津渡等船过河。但是看见的却是黄沙弥漫，黄流滚滚，景象苍茫，不禁哀从中来，顿时回忆起先生讲的这首古诗。先生博闻强记，在笔写的讲稿之外，随时引证许多作品，大部分他都能背诵得出。有时候，他背诵到酣畅处，忽然记不起下文，便用手指敲打他的秃头，敲几下之后，记忆力便又畅通，便又背诵下去了。他敲头的时候，我们屏息以待，他记起来的时候，我们也跟着他高兴。

先生的讲演，到紧张处，便成为表演。他真是手之舞足之蹈，有时掩面，有时顿足，有时狂笑，有时叹息。听他讲到他最喜爱的《桃花扇》，讲到"高皇帝，在九天，不管……"那一段，他悲从中来，竟痛哭流涕而不能自已。他掏出手巾擦掉眼泪，听讲的人不知有多少人也泪下沾巾了！又听他讲杜氏讲到"剑外忽传收蓟北，初闻涕泪满衣裳……"时先生又真是于涕泪交流之中张口大笑了。这一篇讲演分三次讲完，每次讲完，先生大汗淋漓，但看得出他极其愉快。听过这讲演的人，除了当时所受的感动之外，不少人从此对于中国文学发生了强烈的爱好。

△ **点石成金：**

真正能够打动人的东西往往不是千篇一律的东西，也不会是没有生命力的文字和语言，而是发自内心的真情实感。只有当你真正悲伤的时候，别人才会与你同哭；只有在你真正快乐的时候，别人才会与你相视而笑。所以，要想成功地影响他人，最好的方法莫过于表达自己的真情实感。

第七辑

# 用理性执掌人生的方向

古希腊哲学家苏格拉底认为:"智慧的对立面是疯狂。"此语凸显了理性的重要性,为学和为人都需要理性,缺乏理性必会导致盲目和混乱。无论你面临的是什么,是选择、困境、危险还是责难,理性都会帮你把握方向。

## 智慧的价值

毕业于清华大学的乔冠华在留学归国后担任我国外交部部长，他是一个十分理性的人，总是能在关键时刻运用他的理性做出最为准确的判断。也正是因为他的理性和稳重使他在任期间化解了一场又一场的危机。关于他的故事有很多，因为他已成为了当时很多人心中的偶像，很多人对他是"狂热倾倒"。

可以举一个"对他狂热倾倒"的例子：二战时，德军向法国马其诺防线发起全面进攻。在香港一家咖啡店嘈杂的地下室里，一大群中外记者对战局做着各种猜测和设想。乔冠华大口吸烟，一言不发，倾听大家争论。忽然，他起身挥手打断众人的话语，说："6月9日是法军最黑暗的一日。刚才听了诸位的许多高见，似乎还抱着很大的希望，实在是大局已定……我可以告诉大家，三天以后，巴黎将不战而降！"

一语惊四座！当时在场的记者都对此纷纷摇头，不以为然，"决战正在进行，胜负未见分晓……"有的人则愤怒地质问："你怎能这样说？！"乔冠华掐灭烟头，自信地说："这不是一句话可以回答的，诸位请看以后的报纸好了。"就在众人争论的第四天，6月13日，法国投降，德军开入巴黎。6月22日，德法停战协定签字，6月24日，法意停战协定签字。

战局的发展，证实了乔的预言。这位青年国际评论家受到了普遍的赞誉。而乔冠华在随即发表的《法国的崩溃》一文中，平静地写道："25日太阳出来的时候，在西线依然是美丽的河流、美丽的田野，但西线消逝了。"

△**点石成金：**

智慧和理性是无价的，乔冠华就是用他的智慧和理性进行了一次又一次准确的判断，避免了一场又一场的危机。没错，智慧的价值小到可以获取利益，赢得成功，大到可以避免战争、维护和平。

## 沉着冷静的邓稼先

制造原子弹是非常危险的。有一次，要在特种车床上加工原子弹的核心部件，就是把极纯的放射性极强的部件毛坯切削成要求的形状，这是非常危险的活，切的时候不能切多也不能切少，不能有半星火花，不能有丝毫差错。老将军李觉和邓稼先同时站在工人的身后来稳定工人的心，工人心里踏实了，一刀一丝，一丝一刀，每切一刀测一次数值，保证操作正常。李觉将军由于年长体弱，站了一天又站到半夜，心脏病突然发作了，不能再站了。邓稼先深知这部件的重要，他坚持站在工人师傅的身后，工人换班他不走，站了一天一夜，一直到第二天早上拿到合格产品他才去休息。

邓稼先在处理问题时的沉着是出了名的，有一天，邓稼先开完会回到家里，很疲倦，很快便进入了梦乡。刚入睡不久，基地打来的急促的电话铃声把他惊醒。他披衣起来，听那边的汇报说出问题了。汇报的人非常紧张，但邓稼先却异常沉着，他迅速询问对方各种数据，等情况基本清楚之后，他告诉对方打开什么，看看数字是多少，告诉对方应该是多少；再关上什么，看看数字是多少，应该是多少。他用这种方法了解了事情的变化情况，提出了处理方法，使远在千里外的事故现场的人，止住了哭泣，稳定了情绪，工作忙而不乱。就这样他通过专线电话连续处理了五六个小时，直到天亮，终于化险为夷了，人员无一伤亡，而且把损失的 98% 弥补了回来。还有一次，一位工作人员在检查吊钚 239 核装置的吊车时发现有一个电火花，这时是凌晨五点，邓稼先干了一夜刚躺下，知道消息后立即赶到现场。他一项一项地核对记录，一直核对到下午四点，终于查出了产生电火花的原因，消除了隐患。28 年的核武器研制工作，所遇到的难关成千上万，但他从不马虎，所以他指挥的核试验每次 100% 的成功。当人们欢庆核试验成功时，又有多少人知道这成功的后面，隐藏着科学家们的多少辛劳啊！

△**点石成金：**

面临危机和困难时，我们最需要也必须首先做到的便是沉着和冷静。一个临危不惧、镇定自若的人才能在危难面前不乱阵脚，充分运用他的理性在最短的时间内集中力量想出解决问题的最佳方案。而另一方面，沉着和冷静还能起到稳定人心的作用，让所有的人都能安心地共渡难关。

## 慧眼识英才的美谈

华罗庚的成长过程和他创立的辉煌业绩，有很大部分是同清华有着紧密联系的。如果把他比作一匹驰远鸣高的千里马，那他开始驰骋的第一步正是从清华迈出的。关于"熊庆来慧眼识罗庚"的历史佳话，现在已经是广为人知。

20世纪20年代末期，我国数学界曾出现一股争解世界数学难题的热潮，人们纷纷向一些"未被攻克的堡垒"进击。这些"堡垒"中的一个便是："用四则及根号运算方法解代数的五次方程式"。关于这个难题，国际大数学家阿贝尔早在1816年就证明不可能解，并已列入正式的教科书。可是，1930年上半年，在上海《学艺》杂志（七卷十号）上，却登出了苏家驹教授的文章：《代数的五次方程式之解法》，他在前言中说："代数的普通五次方程式，为近世数学界认为不能解之问题……然（余）终不信其绝对不能解，数年以来，潜思冥索，似得一可解之法……"

这篇文章发表之后，很快引起了一些人的震惊，但也有少数水平较高的人很快就发现其中的破绽。其中之一就是熊庆来教授。由于工作繁忙和其他考虑，他没有时间直接写文章去进行辩驳，但又有"骨鲠在喉，非吐不快"的感觉。不久，他在《科学》杂志十五卷二期上读到了华罗庚的文章，题目是《苏家驹之代数的五次方程式解法不能成立的理由》。文章简明而精确地说出了熊教授想说的话。当时，熊教授就发现了华罗庚特殊的数学天赋。于是，他向系里的人问知不知道这个人，后来唐培经说："是我的同乡。华罗庚刚到清华的时候，英文也不好，于是让他进修大学课程。华出国是熊庆来在中英庚款委员会做审查委员时推荐的，送他到英国剑桥大学去，当时他在校时很受哈达玛，尤其是维纳的器重。他受哈达玛影响，哈氏叫他看苏联维氏的数论，当时维纳年轻热情，华留英时，他很热心把华介绍给哈定。哈定是剑桥大学的数学首要教授（搞分析与数论），维纳在介绍华的信里说华是中国的 Ramannyan（此人为印度大天才数学家，据说是一个英国数学家——可能即哈定——去印度游历时，在一家印度小纸烟铺前见到这人在烟纸上演算题，很有天才，发现后把他带到英国去培养，两年后就得了博士，成为皇家学会会员），因而华深得哈定重视。维纳后来在他写的一本书《I am a mathematic》中提到华罗庚和我……"

△**点石成金：**

所谓"千里马常有而伯乐不常有"，伯乐有一双能发现"千里马"的慧眼，能够"识才"并且"爱才"和"惜才"。同时，有才能的人在适当的时候遇到赏识他的伯乐，也是人才的一种幸运。这种千里马与伯乐的组合必将传为美谈。

## 用理性来尊重事实

1934年，潘光旦回到母校，受到全校上下以至古都学界的热烈欢迎。在校内，校刊报道说："潘先生曾任上海光华大学文学院长、社会学教授、上海《华年》周刊及《中国评论周报》编辑，学识渊博，经验丰富，著作甚多，如《中国之家庭问题》《自然选择与中华民族性》《人文生物学史》等"；又说："新开科目，大致可开，一、社会思想史，二、家庭问题，三、优生学，俱由潘光旦先生担任。"在校外，北平妇女协会、女青年会等妇女团体多次请他讲演，师范大学组织的妇女问题研究会开成立大会时，特意请他到会讲话。因为他讲演时多次讲到有关优生的问题，曾引起一些持不同观点的听讲者的不解或非难。有一次，他从青年会讲演回来，一位学生戏问他："潘先生，今天挨骂了没有？"他笑了笑说："今天很好，没有挨骂。其实，骂尽管她们骂，说我还是得说。只要我说得有道理，最终她们会信服的。"这位同学后来提起此事时感叹地说:"这句话实在是学者名言!"

在清华的教授中,尊重客观事实的远不止潘光旦一人,陈寅恪也是当之无愧的一个。

在20世纪30年代课堂讲授期间,他虽身体瘦弱,但从不缺课,有人听了他四年课,没记得他请过一次假;他治学、讲授态度严肃,从不哗众取宠。有一次,他在香港大学用英文做学术讲演,讲题是《武则天与佛教》。许多中外人士听说以武则天为题材,都以为必有许多"宫闱秘事和佛教因缘"。在好奇心驱使下,纷纷涌去听讲,希望"一饱耳福"。谁知陈氏讲的纯是学术性的考据,他从武则天的宗教思想来说明她为什么有那么多的面首,原来是佛经中有"女人是不可能成佛的,若要成佛,除非是广蓄面首","如此这般利用采补术了"。结果,为学术而来的听者获益匪浅,为好奇而来者大失所望而去。在课堂上也是如此,他讲课总是平铺直叙,但听者并不感到枯燥。大家都知道机会难得,不应该轻易放过;每当下课铃响,大家都有依依不舍、时间流逝太快之感。他讲课的内容,都是他的心得和卓见,所以同一门课可以听上好几遍,但仍有新鲜感。

△**点石成金:**

事实就是事实,事实本身就会用事实来证明自身,它不会以人的意志为转移或者发生任何变化。因此,我们应该学着去尊重事实,十分理性地加以对待、承认,并且去接受。

# 适合的就是最好的

清华大学电子计算机专业毕业的一位张先生在清华大学举行的一次职业培训课上对自己的求职经历及职业选择做了发言,为在场的同学提供了不少的启示,现摘其中的一部分来与大家分享:

12年前,那是1993年的1月份,在中关村中科院的一个研究所食堂的小包间里,吃饭用的圆桌旁围坐了至少六七个人。我孤零零地坐在靠近门口的一把椅子上。那时我已经做完了硕士论文,跑出来找工作,面试我的是联想集团的一些负责人。

我至今只记得我被问到的一个问题,其他的已经因年代久远而模糊不清了。人事部的负责人开门见山问的头一个也就是我唯一记得的那个问题就走:"你是清华的硕士,怎么想到要来做销售?"他脑子里似乎替我想了很多其他的出路,怎么不出国?怎么不接着读博士?怎么不留在清华教书?怎么不去研究所做技术研发?怎么不找个机关待着?

我当时的回答很简单,因为我的确知道的不多,我说:"我喜欢和人打交道,各种各样的人。"我之所以至今还记得这个很平常的问题,就是因为我在过去的12年里面,仍然不断地被问到同样的问题,就连不久前对我做人物专访的一位媒体记者也这样问我,眼神里有诧异、好奇,甚至还有点对我当初"走投无路""逼上梁山"去做销售的同情。

12年了，社会发生了很多很大的变化，可是仍然还有不少人，甚至也包括有些以销售为职业的人，内心里仍然觉得，如果可以有其他的选择，只要不是差到比做销售还糟，就不应该干销售这一行。而我一直对自己说：销售，是世界上最伟大的职业。因为销售，就是找到一个人，然后让这个人接受你的价值观，接受你让他接受的东西。我写这本小说，就是想尽我微薄的力量，对尽可能多的人，呼喊出微弱的声音：做销售，不是末路人无奈的出路，而是一条通往成功的大路。

经常有人问我，什么样的人适合做销售？我常半开玩笑地回答："只要你想，只要你喜欢，你就一定适合。"看过《哈利·波特》吗？那个长着又白又长的大胡子的魔法学校校长是怎么点拨哈利的？他的意思就是，决定你命运的，不是你面临的机会，而是你自己做出的选择。所以，只要你想，只要你喜欢，就选择做销售吧，因为你适合。

## △点石成金：

世上其实并没有好坏之分，只存在合适与不合适的区别，正是因为如此，才使得每一个人都有自己的个性，适合不同的职业、不同的环境。只有找到最适合自己的才是真正属于自己的，才会让自己在适合的职业、岗位上游刃有余，也才会是最好的。

## 科学严谨的治学态度

1927年7月,朱自清在清华园写下了著名散文《荷塘月色》。文中有这样一段话:"树缝里也露着一两点路灯光,没精打采的,是瞌睡人的眼。这时候最热闹的,要数树上的蝉声与水里的蛙声……"

20世纪30年代的时候,有一位姓陈的读者写信给朱自清先生,认为"蝉子夜晚是不叫的"。朱自清便向周围的同事询问,出乎意料,同事大多同意那位读者的说法:蝉子晚上不叫。但这样似乎还不够明确,朱先生便写信请教昆虫学家刘崇乐先生。刘先生大约也没有亲身经历,于是翻阅多种有关昆虫的著作。几天后,他拿出一段书中的抄文,对朱自清说:"好不容易找到这一段!"抄出的这段文章说,平常夜晚,蝉子是不叫的,但在一个月夜,作者却清楚地听到它们在叫。

有了这样一段抄文,本来是可以作为证据的,可朱自清因为昆虫学家刘崇乐自己并没有表态,只说"好不容易找到这一段",所以恐怕那段抄文只是例外,他便在回复读者的信时,告诉他请教了专家,专家也说夜晚蝉子不叫,并表示,以后散文集再版,他将删掉"月夜蝉声"的句子。

这件事情过后的一两年间,此事仍萦绕于朱自清心中。他便常常夜间出外，在树间聆听。不久，竟然两次在月夜听到蝉的叫声。

抗战初期，那位姓陈的读者，发表文章时引用了朱自清给他的回信，又引了也因提到"夜间鸣蝉"招来怀疑的王安石的诗《葛溪驿》："缺月昏昏漏未央，一灯明灭照秋床……鸣蝉更乱行人耳，正抱疏桐叶半黄。"

读到这篇文章，朱自清当时就想告诉他，自己的确有不止一次听到"月夜鸣蝉"的新经验。这不仅能为自己的文章做证明，同时还可以为对王安石《葛溪驿》诗怀疑的注家做一个明确的回答，因为这诗句也很久都没有定论。

当时抗日战争爆发，学校转移，生活匆促，朱自清就没有写出这封信。但是，自己的散文集再版时，他却没有删除"月夜蝉声"的句子。后来还专门写出文章，提到这件事情。

△**点石成金：**

科学严谨并不仅仅是一种治学的态度，也是一种生活的态度和对自己的一种标准、一种要求，更是一种精神风貌的体现。我们只有本着追求科学、严谨求实的态度才能在工作、学习及学术研究中尽最大可能地避免错误的发生，而这同时也体现出了对事实的尊重。

## 事实胜于雄辩

　　日本人曾经断言，中国已不存在唐代的木构建筑，要看唐代的木构建筑，人们只能到日本奈良去看。但是，梁思成和林徽因相信，中国这么大的地方，肯定会有唐代的木构建筑存在。

　　他们到图书馆去翻阅了很多材料，结果有重大的发现。在法国的汉学家伯希和写的《敦煌石窟图录》里，有两张唐代壁画的研究引起他们的注意。这两张壁画描述了佛教圣地五台山的全景，并标明了每座寺的名字。梁思成又在北平图书馆见到一本《清凉山（山西五台山）志》，里面有佛光寺的记载。梁思成和林徽因估计这个地方由于交通不便，进香的人也不多，比较有利于古建筑的保存。他们决定去碰碰运气。

　　1937年6月，梁思成和林徽因、莫宗江、纪玉堂一起乘火车来到太原。然后坐汽车，到了半路改骑驴，往五台山进军。在险峻的山路上迂回前进，由于道路难走，有时连牲口也不肯向前，他们只好拉着毛驴步行。这样走了两天，才到达位于五台县城东北60华里的佛光寺。只见那里的唐代木构、泥塑、石刻、壁画、墨迹，以及寺内外的魏（或齐）唐墓塔、石雕，荟萃一处，相互依衬。这是我国历史文物中的瑰宝。

　　梁思成在《寻找古建筑》一文中，详细地描述了他们在佛光寺的一些情况。斗拱、梁架、藻井以及雕花的柱础都很仔细地看过，无论是单个或总体，都明白无误地显示了晚唐时期的特征。当他们爬进藻井上面的黑暗空间时，在那里看到了一种屋顶架构，使用双"主椽"（借用现代屋顶架的术语），其做法只有在唐代绘画中才有。他们戴着厚厚的口罩掩盖口鼻，在黑暗和难耐的秽气中连续几个小时测量、画图和用闪光灯照相。

在大厅里工作的第三天，林徽因在一根梁的根部下面注意到有中国墨的很淡的字迹。经过一番努力，林徽因认出一些隐约的人名，名字后还带有长长的唐朝官职的墨迹。其中最重要的是最右边的那根梁上，当时依稀可辨的是："佛殿主女弟子宁公遇"。而在外面台阶前的石柱上刻的年代是"唐大中十一年"，相当于公元857年。他们回北平后，林徽因见到朱自清和萧乾，还兴致勃勃地向他们描述考察时的情景。林徽因和梁思成发现的佛光寺大殿，是当时国内已知的最古老的木结构建筑。

后来，梁思成和林徽因担任清华大学建筑系教授，为保护我国古代建筑和文物，发展建筑教育事业做出了重要贡献。

## △点石成金：

事实永远胜于雄辩，所有的谎言和诋毁在铁的事实面前都将显得苍白无力。因此，面对他人的无理言论，并不需要通过口舌之战来一争高下，只要找到他们无理的证据和事实，便能让他们的言论不攻自破。

## 第八辑
# 耕耘人生的每一寸土地

勤奋是成功的硬道理。清华大学那些声名远播、流芳百世的大师们所取得的成绩不是靠天赋、侥幸或者所谓的"聪明",而是旁人意想不到的艰苦学习和劳动。没有辛勤耕耘的精神,即使是在清华这片肥沃的土壤上,也无法结出丰硕的果实。

## 所谓的天才

龚自珍诗云:"廉锷非关上帝才,百年淬厉电光开!"宝剑如此,人才也是一样的。华罗庚是数学天才,但他的"天才"也是经过磨炼才锋芒始显的。他读初中一年级的时候曾在数学考试时分数不及格。他说,并不是因为曾触犯那位老师、老师故意不给他及格,而是因为他"小时候是很贪玩的,常逃学去看社戏。试卷写得非常潦草,怪不得老师。"

有了这次教训,从初中二年级开始,华罗庚就知道用功了。一用功便锋芒立显,数学老师每逢考试的时候,就把他拉过一边,小声对他说道:"今天的题目太容易,你上街玩去吧。"

无独有偶,在清华的历史上还有一位被称为天才的钱钟书。

钱钟书先生清华时代"上课不听讲,考试总得第一"的故事流传甚广,使许多人误以为天才是可以不用功的。但谁又知道,这位目空一切的大才子,在英国牛津留学时曾为博览不易看到的图书而日夜埋首图书馆,由于用脑过度,归国后长期患头晕症,每到晚间只能闭目静思,几乎什么事都不能干。

△ **点石成金:**

在他人眼中具有"照相机"记忆力的天才钱钟书先生,背后的付出恐怕是难得有几个人知晓吧！我们往往习惯于去看别人成功的花环和光芒，而很少去研究鲜花和掌声背后的付出与努力。要知道，"天才"也是经过磨炼、努力和辛勤的付出才得以造就的。

## 从小心怀大志的杨振宁

著名的诺贝尔物理学奖获得者杨振宁先生早年也是清华大学的学子，在他成名归国后选择了任教清华。2001年4月26日下午，杨振宁被清华大学数百位学子用掌声"催"了出来。

杨振宁教授这天要在清华大学演讲，主持人在演讲正式开始之前话还未说完，急不可待的学子们已经鼓起了热烈的掌声，迎接心目中的大师。

面对热情的学生们，杨振宁教授愉快地在演讲前与大家唠起了家常。由此，这位诺贝尔物理奖华人获得者讲起了他与母校清华半个多世纪前的不解之缘。

杨振宁是在清华校园中长大的。他说："我上的小学现在还在，它的建筑就在二校门的附近。当时我家住在清华西院的十一号。"不过，那时的物理大师还只是个调皮而淘气的孩子，"我爬过清华园里的每一棵树，甚至研究过里面的每一棵草。那时的清华比现在小多了。"

当有人问他在获诺贝尔奖之前是否想到过自己能获奖的时

候,杨教授回答说:"我在上中学的时候,有一天在学校里看到一本书叫《神秘的宇宙》,讲的都是当时物理学的最新发现和理论。回到家以后,我便对我的父母说,将来有一天我一定要拿诺贝尔奖,那一年我12岁。"

△点石成金:

心有多大,舞台就有多大。一个青少年,如果你的志向仅仅是成为一名普通工人或职员,那么你就几乎很难取得惊人的成就。就像杨振宁一样,因为他梦想过拿诺贝尔奖,所以,他才有朝一日终于真的拿到了诺贝尔奖。将自己的理想和长远目标定得高一点,才能激励自己不断追求卓越,成为佼佼者。

## 高标准打造出高品质

在老清华,违反校规,是要挂牌思过的。在严厉的管制下,清华学生从一开始就在个性自由的基础上加上了一个前提,那就是纪律和秩序。不过,如果纪律太严了,即使是那些品学兼优的学生也会免不了被记上一过。潘光旦就曾因为不敢外出上厕所而在宿舍门口方便,被查夜的斋务处主任擒获挂牌。10多年后,潘光旦成了大社会学家,第一个把优生学引进中国。

每天早晨7点钟,起床钟会在清华园准时敲响,睡懒觉的人肯定要被罚。清华还规定，学生必须把钱存到清华银行，身上只带少量零用，但一角一分都要记账，而且要用新式账本，月底清算后抄送斋务处盖印。

到了西南联大时期，学校一直实行从老清华就开始的"高标准、严要求"的严谨作风。

中国科学院院士王希季是对"两弹一星"研制有卓越贡献的专家。他谈起西南联大学习时的生活，印象最深的是教师一丝不苟、要求严格。每次考试，1/3左右的学生不及格是常事。有一次，机械零件课考试，他自己估计是六七十分，卷子发下来却是"零"分。这是他万万没有料到的。刘仙洲教授的严格让人害怕，但这次未免过于苛刻。但后来他渐渐明白：在工程设计中，哪怕是1%的错误，带来的结果也是全部报废。"要么是100，要么是0。"这个零分使他终生都以此为教训。因此，他在从事导弹研究中以此要求自己，也要求学生，绝不允许出现哪怕1%、1‰的失误。

不仅如此，清华的严谨作风还贯穿于清华人生活、学习和工作的每一个细节：

梁思成在古建筑研究中坚持的严谨学风也贯穿于他的教育工作中。他审阅青年教师和研究生的论文都是逐字逐句地修改，从内容到错别字，连一个标点符号也不放过。他为了培养学生有高水平的绘画本领，甚至从怎样用刀削铅笔讲起。他教会学生怎样用手握笔，怎样画线，画线时铅笔怎样在手中转动以保持线条粗细均匀。他不仅自己做到而且也要求教师和学生熟悉古今中外的著名建筑,能随手勾画出这些建筑的形状和记住它们建筑的时期。有一次周恩来在怀仁堂开会时问到明清故宫建造于何时,梁思成当即回答:"开始兴建于明永乐四年,公元1406年,完成于1420年。"他不但培养学生的高超技艺,同时也十分注意培养学生的良好作风,反对少数艺术家的所谓不修边幅的那种散漫习气。他强调一个建筑师要对一个工程负责,必须要有严格和科学的工作作风。他要求每一张设计图纸都要制图清楚、尺寸准确,连字体大小都要按不同等级的规定进行书写,文字与图分布均匀,干净利索、一目了然。每天制图完毕后,仪器须擦洗干净,对文具归放在何处也都有要求。

△**点石成金:**

不要以为花销、测验、习惯、削铅笔之类的事都是小事,无足轻重。要想做好大事,要想拿出高品质的成果,我们就必须对这些"细枝末节"进行高标准、严要求,这一点,我们需要向清华的大师们看齐,学习他们做事一丝不苟的精神。

## 刻苦学习的华罗庚

进了清华后,华罗庚如飞鸟投林,在数学的王国里自由地翱翔。因为,清华大学给他提供了更好的自学条件。有个记者写他这段期间勤学的情形:"清华的藏书比金坛中学自然丰富多了,对他来说有这个就足够了。他每天徘徊在数学海洋的岸边觅珍探宝,只给自己留下五六个小时的睡眠时间。一个自学者对知识的巨大吞吐力,这时惊人地表现出来!他甚至养成了熄灯之后,也能看书的习惯。乍听起来令人不敢相信,实际上是一种逻辑思维活动。他在灯下拿来一本书,对着书名思考片刻,然后熄灯躺在床上,闭目静思,心驰神往。他设想这个题目到了自己手上,应该分做几章几节。有的地方他能够触类旁通,也有的不得其解。他翻身下床,在灯下把疑难之处反复咀嚼。一本需要十天半个月才能看完的书,他一夜两夜就看完了。真好似:'风入四蹄轻,踏尽落花去!'"

一年半过去了,华罗庚攻下了数学系的全部课程,还自学了英、德、法文。到1936年,他已先后在欧、美、日等国数学杂志上发表了十几篇有关数论方面的论文。

华罗庚刚到清华,只是个不起眼的助理,但这个助理却非常不寻常。他的座位在熊庆来办公室隔壁,熊庆来遇上难解的题目时,也会朝着隔壁喊道:"华先生,你来一下,看看这个题怎样解呀……"

华罗庚凭借自己的勤奋、才华和惊人成就,赢得了清华园师生的赞誉。1935年冬季,他被破格提升为助教。初中学历当助教,破了清华先例,但他却获得了教授会一致通过。过了一年半,他升为讲师。他每天勤奋地学习、工作,除了给学生们上课,至少读书十个小时以上。

△**点石成金：**

所谓"一分耕耘，一分收获"，天上从来都没有掉过馅饼，只有先付出才能得到回报。如果你想取得好成绩，想实现梦想，想成为不平凡的人，就必须从眼下的一道数学题、一个英语单词、一件小事的处理方式开始，踏踏实实地勤奋学习。

## 奖掖后学，不遗余力

1922年12月下旬，王国维就联绵字的问题，专门回信给何之兼、李沧萍、安文博、王盛英、郝立权等五位学生，指出"联绵字取材的范围，应先于隋以前的四部书中。类似联绵字的，也要记录下来，然后重复几遍，以免遗漏。分类时可按双声、叠韵、非双声叠韵等进行。汉魏人注释经文的文字、金石文字、古辞赋、子部书、集部书等也须按集。"

1923年1月，何之兼等人写信给王国维，称，"现已开始研阅，是否有当，立候裁答。"王国维接到信后，说："联绵字研究知已著，甚为欣喜。先从集部入手，亦无不可。唯严氏《全上古三代秦汉六朝文》所收，亦颇杂以伪作，可以参考，而不可据为典要，是在观其所引据者自何书分别之耳。"同时还说："知五君均尚在校三四年级,既有听讲功课,则于此事自不能从速进行。"王国维此时已是著名的大学者,有许多事情必须亲自去做,但他能够在百忙之中,挤出时间指导没有见过面的大学生,其精神实在可嘉。

任何学生,只要是认真求学,无论是登门求教、还是致信询问,王国维都细致地给予指导、帮助。而对读书、学问之外的本职工作,也是尽心尽责、任劳任怨,从不敷衍马虎。

△点石成金:

像王国维这样的著名学者在自己的本职工作之外,还能不遗余力地指导和帮助以各种形式求学的年轻人,这种奖掖后学、乐于助人的精神着实让人感动。其实,不必说大学者,即使是一名普普通通的学生,也应该热心地帮助身边的朋友和同学。在他人向你虚心求教的时候,做到知无不答,并提供一些相关的帮助,这样做,于人于己都有好处。

# 做事之余勤学不辍

1907年3月,王国维携新婚妻子潘丽正北上,到北京清廷学部任职,并在宣武门内的新帘子胡同租下住宅,安顿了家人。这时,王国维读书、研究的兴趣已由哲学完全转移到了文学。与以前一样，为生计，王国维必须为他人做事，每天短则二三小时，长则三四小时，而用来读书做学问的时间，多则三四小时，少则一两个小时。由于身体原因，他伏案工作不能长久，时间长了，精神就会涣散，注意力便无法集中。在这种情况下，他或者去找朋友聊天，或者是阅读杂书，来松弛神经，换换脑筋。如果没有特别的事情，王国维的读书、研究极有规律，一般不会出现间断。一如他在《自序一》中所说，"夫以余境之贫薄，而体之纤弱也，又每日为学时间之寡也，持之以恒，尚能小有所就；况财力、精力之倍于余者，循序而进，其所造岂有量哉！"持之以恒、毫不懈怠、不急不躁、循序而进，正是王国维读书、研究的又一经验之谈。

## △点石成金：

也许你曾经困惑：自己被功课和习题压得喘不过气来，成绩却并不理想；而有的同学成绩很好，却学得很轻松，甚至还有时间读《堂吉诃德》之类的世界名著。这其中的奥秘到底在哪里呢？其实，管理时间的方法就是其中的奥秘之一。如果你能够充分地利用自己的时间；挤出自己的时间、把零散的时间集中起来坚持不懈地做你想做的事，你也能够像同学那样游刃有余。

## 第九辑

# 让知识成为我们人生的灯塔

知识是智慧的强大后盾,它能帮助人们窥探到智慧的一角。清华人对于知识的要求是几近贪婪的,正是这种"贪婪",才让他们拥有了渊博的学识。清华有很多"书虫",他们在消化知识的同时,吐出了智慧与真理。

## 读万卷书、行万里路的潘光旦

潘光旦在清华上学时十分热爱体育运动,然而有一次在跳高时不幸跌伤了腿,后来由于结核菌入侵而不得不锯掉一条。他曾装过假肢,但是麻烦胜过架拐,于是他干脆就架拐架了一辈子。他虽然只有一条腿,但是一般行动都不会落在别人后面。周末同学们郊游散步,他从未缺席。他对于学生基督教青年会非常热心,有一次在西山卧佛寺开会,会中有一项活动安排在寺院后山门(等于半山腰)举行。他就架拐登山,好像腿没事一样。

在一张校友调查表的"爱好"栏里,他填的是旅行。他常常出门旅行,出门前后也总是显得很愉快的样子,从无烦恼的表现,但是达到"爱好"的程度,似乎是另外一件事。无论如何,残疾的身体条件和对旅行的爱好总像有些矛盾。还是看他自己怎样讲的吧:

就中国人来说,却似乎又应该另当别论。我们的毛病是旅行得太少。我们不但旅行得少,而且还要说些漂亮的自圆之词,例如"秀才不出门,能知天下事"之类。要是不景气时代以前的美国人所走的是一个动的极端,我们的便是一个静的极端了。

所以不管那位美国教授怎样说,中国人应该多多地去旅行的。中国的地方这么大,地理环境的变化又这么多,历史的背景又这么悠远，而各地的背景又这么的不同，要是专靠一些书本的短识而不旅行，而不去真实地接触，要教一个民族分子对于本国的史地有一个差强人意的囫囵的概念，这几乎是不可能的。

潘光旦在求学时代除了靠近家乡的上海一带以外，只到过一次南京，一次宁波；北平，因为读书关系，每年必得来往一次，总共有过八九次之多。此外便没有可说的了。民国十六年，总算第一次到杭州、到镇江、到苏州；十七年到普陀山；十八年到大连、沈阳、长春、哈尔滨；十九年到过松江；二十年到青岛、烟台、潍县、济南，到九江、庐山，到广州、香港，到无锡；二十二年初所到之处有汉口、杭江路和钱塘江上下游所经过的各县。初次观光到的又有嘉兴，有杭徽公路的各要点，有扬州。后来还有豫鲁两省的行程。

这种精神和行为贯穿了他的一生。每次出行往往带着《徐霞客游记》或设法配备当地志书，把前人的记载和自己的观察相对比，并且写下一些知识丰富、文笔生动的游记或日记。作为残疾人的他当然会比别人遇到更多的困难，实际上也曾经发生过爬山落马及滑跌等一类幸而有惊无险的事故，反映在他的文字中，往往出之于诙谐的笔调。

## △点石成金：

身体残疾的潘光旦仍然坚持旅行，可见游历对于人的重要作用，这种作用，也曾被历史上的司马迁、李白等名人的经历和成就所证实。游历对于青少年的作用是很直接的,教室里"憋"不出的文思,可以到名山大川中去寻觅、体会;书本上难以理解的物理知识,可以在老师的指导下通过简易实验来学习;掌握不了的英文语法可以在与外国友人的交谈中逐渐领会……总之,实践出真知,由实践得出的直接认识更容易被理解和接受。

## 艺多不压身

1953年,中国科学院组织考察团出国考察,由著名科学家钱三强任团长,同行的有华罗庚、赵九章等十几名科学家。由于路途遥远,大脑活跃的科学家们,闲暇无事就经常论古道今、谈天说地,纵论科学史上的是非得失,谈得十分热烈,有时也不免争得面红耳赤。华罗庚是研究数学的,从数学的角度来谈问题是他最感兴趣的。在谈话的过程中,他忽然由团长钱三强的名字联想到韩、赵、魏这三个诸侯强国的兴起,于是心中就形成一则上联。他笑了笑说:"大家且静一静。我这里有一则上联,请在座各位对出下联,怎么样?"对对子自古以来就是文人雅事,大家听了十分高兴,跃跃欲试。于是,华罗庚说出了上联:"三强韩赵魏。"

华罗庚的上联,既指韩、赵、魏三个同时兴起的强国,又隐喻了代表团团长钱三强的名字,十分高妙,对下联的要求也相当之高。因为下联既要解决数字联的传统困难，又必须嵌入另一位科学家的名字。这就使得对此并不擅长的科学家们大费脑筋，不知如何应对。

七嘴八舌地议论了一番，大家都想不出对偶工整的对句来。著名大气物理学家赵九章笑着说："看来我们缺乏文学细胞，脑袋里没有多少灵感，只怕难以应对，还得请华老自己对出下联吧。"赵九章的提议为华罗庚带来了灵感，他忽然联想起了《九章算术》一书。"九章"是算经十书中最重要的一种，它系统地总结了我国自先秦到东汉初年的数学成就，首次记载了我国数学家发现的"勾股弦定理"。于是，华老又续对下联："九章勾股弦。"

"九章"对"三强"，"勾股弦"对"韩赵魏"，对应十分工整，意思上既讲究平仄且意思相近，又嵌入了赵九章的名字，十分工整，堪称绝对。大家齐声叫好，称赞华老说，他又开辟了数字联的新对例。

## △点石成金：

正所谓"知识不分家"，一个人如果掌握了足够多的知识和学问，又能将各个学科的知识和学问连贯起来、触类旁通，那么他就达到了一个很高的境界，学习也就因此而变成一种轻松愉悦的享受，他就能像数学家华罗庚对对联那样，将历史、数学、文学等学科的知识融为一体，进行了不起的创造和发明。

## 耳闻不如口读

1920年下半年,罗素来中国讲学,由于罗素讲学涉及高等数学、逻辑学、哲学等多门知识,一般人很难胜任翻译工作,所以学术界名流蔡元培、丁文江等人都出面与清华学校当时的负责人金邦正交涉要"借"赵元任担任罗素的翻译。校长同意让王赓代课,赵元任得以陪同罗素到各地去讲学。一路上他又学会了好几种方言。每到一个地方,他就用当地方言把罗素的话翻译出来,罗素非常满意。赵元任与罗素因此建立了终生的友谊。

1922年春季开学后,赵元任在哈佛大学开设了中国语言课。他以前曾经开过数学、物理、哲学、心理学等课程,在国外开设中国语言课还是第一次。考虑到通过认识方块汉字来学习中文,虽然是一种正规经典式办法,但是需要的时间很长,对于外国人尤其困难。他便将自己学习语言时"目见不如耳闻,耳闻不如口读"的方法,贯彻于他教授外国学生学习中国语言的过程中,取得了良好的效果。

△**点石成金:**

学习是有方法和规律可循的,那些学习能力强、学习效果好的人一般都有一套自己的学习方法。在外语学习领域,也许没有人比赵元任这位语言学专家更有发言权了，所以，将"耳闻不如口读"这句话记在心里并贯彻到实际行动中去，应该会取得很好的效果，为此，青少年朋友们不妨从重视晨读和口语角的活动开始。

## 苦心孤诣的书虫

王国维读书，不受传统与他人的影响。别人读过的书他要读；别人没有读过的书，他更要读，有感于"戏曲之体卑于史传""后世硕儒，皆鄙弃不复道"，他独辟蹊径，深入到了被一般学者鄙视乃至正眼不瞧的戏曲之中，苦心孤诣，终于发现了前人所没有发现的学问。

王国维读戏曲著作的的确确称得上是"苦心孤诣"。首先，广泛阅读各种资料，之后，做目录的搜集整理和考订，为研究打下基础。目标明确、范围固定后，再更深一层地读书，进而对戏曲史做一些粗略的研究，将阅读得来的体会、收获表达出来，以检查读书的效果，并从中发现读书的欠缺。在初步摸清研究对象、确定研究中心的前提下，继续读书，将得来的资料分类整理、考订、研究，又从歌舞方面，围绕唐宋大曲读书，梳理资料。这些元典被一一通读之后，王国维才再进一步阅读前辈学者有关的论述。

除了王国维，中国还有一位十分有名的大书虫，那便是众所皆知的钱钟书先生。

　　钱钟书渊博的学问，一方面是他天才的表现，良好的天赋使他能很快地掌握并运用语言；另一方面是靠他的用功与勤奋。他周岁"抓周"时，抓到了书，取名为"钟书"。也许是天意吧！而在事实上，他也就名副其实，一辈子"钟情于书"，与书结下了不解之缘。在清华大学读书时。他就立下了"横扫清华图书馆"的志向，他把所有的时间都用到了读书上，上课时也是手不释卷地看自己喜爱的书。他看书有个特点，喜欢用又黑又粗的铅笔画下警句来或批几个字，据传，清华藏书中画线的部分大多出自他的手笔。他的博学，使他不是老师的学生，而成了老师的"顾问"。吴宓教授就曾推荐他临时代替教授上课，所有课上涉及的文学作品他全都读过。钱钟书还有读字典的兴趣，而且能深切体会到其中的乐趣，许多大部头的字典、辞典、大百科全书他都挨着字母逐条逐条地读过，并时时读得开怀大笑。他除了良好的记忆力外，还喜欢做别人看不懂的辅助性的笔记，每读一书，他都要做读书笔记，摘出精华，指出谬误，供自己写作时加以引用。这样年复一年，日积月累，读遍天下书，可以想见该有多少读书笔记了。

## △点石成金：

　　"书山有路勤为径"，王国维读书的"苦心孤诣"、钱钟书对书的"一生钟情"都让他们从中得到了无穷的教益，使他们在消化知识的同时"吐"出了无穷无尽的智慧与真理，在学术领域取得了巨大的成绩。至此,读书的重要性不言而喻,且不必说想要取得大的成就、在知识社会立足,即使只为了生活更加丰富、与人聊天更加尽兴,读书也是一项不可或缺的资本。

## 马兰花与呱呱鸡

　　准备进行核试验的前期,邓稼先要在马兰待上几天。马兰是为了进行核试验才盖起来的小镇子,因为这里的沙漠地上有一种马兰花而得名。马兰花呈雪青色,花心上嵌着一支白色的条带。在这干枯、单调的戈壁滩上见到马兰花,既有生机盎然的情趣,又有大自然天性的美。邓稼先每次在小镇散步的时候,看到这种朴素的小花,就觉得自己被各种牵挂抓紧的心能稍微放松一下。在邓稼先的家中,安放在他大幅彩照旁的,是一棵青松与一棵马兰。

　　就是住在试验场地帐篷里的时候,邓稼先也要忙里偷闲。有一次,邓稼先和李医生到戈壁滩上去抓呱呱鸡玩。这种灰色的尾巴很长的鸡,样子很难看。但对于整日里提心吊胆和数字打交道的人来说,能去追着呱呱鸡连跳带跑,就是极大的快乐了。他们似乎又回到了普通人的生活,充满了活力和兴趣。

　　为了让同他一起工作的年轻人也能在工作之余得到稍许娱乐和休息,他总是抽空与年轻人玩十分钟的木马游戏。有一次,王淦昌教授看见了,又好气又好笑,斥责说:"这是什么玩法,你还玩小孩子玩的游戏呀!"邓稼先笑着说:"这叫互相跨越!"

△**点石成金:**

会休息的人才会学习和工作,无论做什么事情,都要注意劳逸结合、张弛有度。休息和放松是为了在休息和放松之后能够更好地学习。因此,当我们在学习中感觉过分紧张而疲劳时,不妨先放下手头的工作让自己休息一下,你会发现休息之后,学习的效率更高。

# 南方淫雨不知是否损禾

王国维虽然一生以读书、做学问为职业,但他并不是"两耳不闻窗外事,一心只读圣贤书"。他十分关心国家大事,也非常愿意了解社会的发展动态。

1923年6月10日他在致蒋汝藻信中说:"昨日警察罢岗十二时,然秩序安静如常,但政变所不能免耳。"在8月8日的信中说:"现在局势亦不能过图稳便故也。此次如有战争,必在东北或南方,京师不至当其冲。至于欠销过多,或有变故,似尚不至波及措大。兄函所谓居京师之人不甚介意者,实有此心理也。"就连天气状况,王国维也十分关切,1923年8月上旬写信给蒋汝藻，特别给予强调"南方淫雨，想已晴霁，不知能不损禾稼否？此间自六月以后亦多大雨，唯因五月以前半年苦旱，故农民颇以为喜。"

像王国维那样关心天下的读书人并不在少数，季羡林老先生也是这样的一个人。

季羡林老先生的一生，用他的话说："天天都在读书写文章。越老工作干得越多。"除了让中国学者感到深奥无比的德国哲学研究外，数十年来主要从事印度文学的翻译研究、佛教史以及中印文化交流史的研究工作，还撰写了散文随笔等作品。现在，《季羡林全集》已编到了第32册，粗略一算，已经有一千多万字了，可谓著作等身。真正是学问大师，当代鸿儒。

然而极为可贵的是，季羡林先生又绝不是"两耳不闻窗外事"的书斋学者，相反，他相当入世，胸中承载着天下万物，时时守望着民族、国家、世界，还有大自然。他还一直保持着独立思考的精神，始终秉持独家观点，绝不人云亦云。

每天下午，都是他雷打不动的读书读报时间。由于眼睛必须保护，于是他不再看电视，也就更重视读报，这是他通往世界的窗口。有时秘书李玉洁老师怕他累着，故意丢下了这张忘记了那张，老爷子心里也很明白，于是不动声色，一份读完了，再点另一份，反正你都不能给我落下。

◁ **点石成金：**

正所谓"风声、雨声、读书声，声声入耳；国事、家事、天下事，事事关心"，最好的读书方法是既读"圣贤书"，又关心"窗外事"。如果一个人沉迷于书本的世界，忽略现实中发生的事，那么必会将书读"死"，既很难充分理解书里的意思，又不能将知识应用到实践中去，成为最可悲的读书人。

## 顽童哲学家

"坦白地说，哲学对我们来说是一种游戏……游戏是生活中最严肃的活动之一。"这是我国20世纪的哲学大师、逻辑大师金岳霖的一句话。他熟悉现代逻辑，传播现代逻辑，是中国最具现代逻辑意识的逻辑学家。在他看来，逻辑就像数学一样，是可以关起门来在书斋里研究的，"闭门造车"，仍然可以"出门合辙"。金岳霖先生以教授逻辑学著称，他的思维和形式也与这门学科有直接联系。

早在中学时代，金岳霖就曾分析过长期流行的一个谚语。此谚语是："金钱如粪土，朋友值千金。"金岳霖认为，如果"金钱如粪土"的话，通过两个貌似正确的前提，就能推出一个荒谬的结论，并且巧妙地指出该谚语含有的明显逻辑错误。

在西南联大的时候金先生教逻辑。逻辑是西南联大规定文学院一年级学生的必修课,班上学生很多,上课在大教室,坐得满满的。在中学里没有听说有逻辑这门学问,大一的学生对这课很有兴趣。金先生上课有时要提问,那么多的学生,他不能都叫得上名字来——联大是没有点名册的,他有时一上课就宣布:"今天,穿红毛衣的女同学回答问题。"于是所有穿红毛衣的女同学就都有点紧张,又有点兴奋。问题回答得流利清楚,也是件出风头的事。金先生很注意地听着,完了,说:"yes!请坐!"

金岳霖先生还有个外号叫作"顽童哲学家",即使在学生面前,有时候也不免搞个小怪或者开个小小的玩笑,金岳霖最受学生欢迎是因为他"最好玩"。而他在西南联大的逻辑课广受欢迎,其中一个原因则是学生也可以提出问题,请金先生解答。尽管这些问题深浅不一,但是金先生却有问必答,很耐心。有一个华侨同学叫林国达,操广东普通话,最爱提问题,问题提得奇奇怪怪。他大概觉得逻辑这门学问是挺"玄"的,应该提点怪问题。有一次他又站起来提了一个怪问题,金先生想了一想说:"林国达同学,我问你一个问题:'Mr.Lin Guoda is perpenticular to the blackboard(林国达君垂直于黑板)',这是什么意思?"林国达当时就傻了。林国达当然无法垂直于黑板,但这句话在逻辑上没有错误。

金岳霖晚年说,他一生都是在抽象思维中讨生活的。曾有学生问金先生:"你为什么要搞逻辑?"因为在一般人看来,逻辑这门学问太枯燥。不料金先生的回答却是:"我觉得它很好玩。"

◇ **点石成金：**

任何其他人感到枯燥无味的事情，如果你能从中发现自己的兴趣，你就会像金岳霖先生那样"觉得它很好玩"。兴趣是最好的老师，如果你感到某一门科目"没有意思"，不妨从其中的某一细枝末节入手，发现让自己觉得有趣的东西，那样，学习就变成一种快乐的游戏了。

## 吾爱吾师、吾更爱真理

康有为是梁启超的恩师，可以这样说，没有康有为的培养，就不会有后来的梁启超；而梁启超更是因为与康有为共同致力于维新变法，被人合称"康梁"。

梁启超拜师康有为，对其性格形成及一生的道路选择都具有一定的影响。富有强烈事业心和美好追求的他，遇到康有为，便如铁块碰上了磁石一样。万木草堂打破了传统的"两耳不闻窗外事，一心只读圣贤书"的读书方法，把求知和救国救民、改造社会紧密联系起来。经过万木草堂的学习，梁启超开始把自己的命运与国家的命运紧紧联系起来。

梁启超求学的欲望极为强烈，平时对康有为虽然没有成见，但却勇于坚持自己的见解。从戊戌政变后流亡日本开始，梁启超与康有为思想上的分歧越来越大。初到日本，梁启超与康有为一道主张"尊皇",但仅一年的时间,梁启超便大肆宣传民权,批奴性、讲自由,甚至鼓吹破坏主义。梁启超的行为引起康有为的不满,只因天各一方,康有为无可奈何。1900年7月,梁启超到新加坡,两人见面,由于学术思想分歧很大,康有为非常气愤,竟然出手殴打梁启超。但梁启超仍坚持己见,并作诗"我所思兮在何处,卢孟高文我本师""宁关才大难为用,却悔情多不自持"等,表达出自己的心志。

但是康有为死后,梁启超特别悲痛。梁启超痛哭几天,率清华院全体同学在法源寺开吊,自己披麻戴孝,在法源寺守灵三天,每天有人来行礼,他都在孝子位上站着。梁平时喜打麻将,但在康有为死后的三个月内他都不玩。

梁启超自称:"吾爱孔子,吾尤爱真理;吾爱先辈,吾尤爱国家;吾爱故人,吾尤爱自由。"所以即使和老师有冲突、误会,他也并不退让,而是坚持真理。也正是因为坚持真理,所以他后来坚定地与复辟、祀孔等思想行为进行斗争。

△**点石成金:**

尊敬师长是我国的优良传统,但这并不等于不能对老师提出质疑。老师并不是万能的,老师的想法也并不总是对的。当我们与师长的意见发生冲突时,我们应该坚持真理,并同时以一种不伤害师长的方式与之沟通和交流。

## 能力高于学历

20世纪20年代,在风起云涌的新文化运动的背景下,清华大学老校长曹云祥为了提高清华大学的知名度,并实现学术上的独立,改变建校以来忽视中国文化的风气,决定在吴宓和梁启超的推荐下,电聘陈寅恪为研究院教授。这期间曾发生了一个故事:陈寅恪因为没有学位而不被看重,最初学校决定不聘。梁启超为此事和曹校长有一段精彩的对话:

曹问:陈是哪一国的博士?

梁答:他不是博士,也不是硕士。

曹又问:他有没有著作?

梁答:也没有著作。

曹说:既不是博士,又没有著作,这就难了。

梁(生气地)说:我梁某也是没有博士学位,只能把著作当身价了,但总共还不如陈先生寥寥数百字有价值。好吧,你不请,就让他在国外吧,柏林大学、巴黎大学的几名教授可是对他推崇备至的。

梁启超给予陈寅恪的评价如此之高并非没有原因的。陈寅恪留洋十数年,进入众多高等学府,然而却未怀揣一张高级学位证书回来,他完全是为了读书而读书。哪里有好大学,哪里藏书丰富,他便去哪里拜师、听课和研究。不仅读书本，而且留心观察当地的风土人情，而对大多数人所重视的学位之类，他却淡然视之，不感兴趣。

萧公权曾说："我知道若干中国学者在欧美大学中研读多年，只求学问，不求学位。史学名家陈寅恪是其中最突出的一位。真有学问的人绝不需要硕士、博士头衔去装点门面。不幸的是有些留学生过于重视学位而想投机取巧。他们选择学位、院系、课程，以至论文题目，多半是在避难就易。他们得着了学位，但所得的学问却打了折扣。更不幸的是另有一些人在国外混了几年，回国后自称曾经某某大学授予学位。他们凭着假学位做幌子，居然在国内教育办或其他事业中混迹。"

在清华，像陈寅恪这样靠着真才实学，而非一纸文凭入主并最终成为一代宗师的远远不止陈先生一位。

王力是大语言学家，他引进西方科学技巧，弥补中国传统语音研究的巨大空白，并全面超越了前辈。但当他被清华国学院发现时，根本不具备入学条件。

数学系主任熊庆来发现华罗庚，情况也是如此，华罗庚不过是南方杂货店里的小店员。然而，清华不拘一格，为中国数学界造出一颗耀眼的明星。

钱钟书1929年报考清华外文系，吴晗1930年报考清华历史系，一个数学成绩是15分，一个是0分，但他们中文和英文成绩奇高，吴晗甚至是两个满分。

**△点石成金:**

学历只是一个人的知识程度的书面证明,倘若一个人没有能力而空有一纸文凭,那么文凭也就失去了它应有的意义,变成一张不折不扣的废纸。真才实学就是一个人最好的学历和文凭,带着它,任何人都阻挡不了你成功的步伐。在学习的过程中,我们要敢于放弃对于"奖状""学历""证明"等书面形式的迷信,扎扎实实地学到真知识、真本领,这才是当务之急。

第十辑

# 治出自己的处世哲学

与人相处是一种基本的能力，一个人，如果连与他人的关系都处理不好，很难想象他会将事情做得完美无缺。"人情世故"四字中蕴含着深刻的寓意，不是简单的圆滑处世，不是假意的虚伪逢迎，不是单纯地屈服于现实，而是真正懂得生活的意义，安详地走完自己的人生。

# 人不可貌相

常言说,"以貌取人,失之子羽。"这句话好像特别是为刘叔雅先生而设的。

刘先生的一位学生幼时读《新青年》,看见刘先生清新美丽的文笔,绵密新颖的思想,便幻想作者必定是一位风流倜傥、才气纵横的"摩登"少年。他后来又从书铺里看到刘先生的大作《淮南鸿烈集解》,读一读卷首古气磅礴的自序,再翻一翻书中考据精严的释文,才又悟到作者必定是一位架高鼻梁眼镜、御阔袖长袍而状貌奇伟的古老先生。因为有这一种观念在脑子里,所以考入清华那年,大一国文不选杨遇夫先生,不选俞平伯先生,也不选朱自清先生,而选了这位善解文字给人种种不同印象的刘叔雅先生。

但当第一次看见刘先生时,这种矛盾无稽幻想,一下子就逃走得了无踪影了。那日国文班快要上课的时候,他坐在三院七号教室里,一心想亲近这位渴慕多年的学术界名流的风采。可是铃声响后,走进来的却是一位憔悴得可怕的人物。四角式的平头罩上寸把长的黑发,瘦削的脸孔安着一对没有精神的眼睛,两颧高耸,双颊深陷;长头高如望空之孤鹤,肌肤瘦黄似辟谷老头,中等的身材羸瘠得虽尚不至于骨子在里边打架,但背上两块高耸着的肩骨却大有接触的可能。状貌如此,声音呢?不听也就罢了,一听时真叫人连打几个寒战。既尖锐兮又无力,初如饥鼠终类寒猿。不过,虽说刘先生外貌不怎么动人,然而学问却广博精深,性情却热烈诚挚。刘先生是国内有名的学者,这是谁都知道的。当他教学生《圆圆曲》《万古愁》两篇文章时,把明末清初的事迹如数家珍般地一一说给学生们听,并且在黑板上列举了许多典故。

## △点石成金:

如果刘先生的这位学生先见到了先生本人,可能他无论如何都不会想到先生会写出或清丽、或缜密的文章来,这是因为人们往往会犯"以貌取人"的错误。其实,文品与人品未必一致,外表和内心也可能有很大差异,所以,看人不能只看表面,应该通过长时间的接触,从其言行举止和思想观念等方面对其进行综合评价。

## 热心肠的钱钟书

其实,做学问的人并不像我们想象的那样古板、孤僻,他们很多人都有着火热的心肠。钱钟书就是这样的一个人,一位曾经陪护过钱钟书的护士在回忆起钱钟书时满怀感动。

每当回忆起照顾钱先生的日子,这位阿姨总是深情地说:"他心肠好,脾气也好,从不在我面前说半句重话。你想想,像干我这个的,有啥地位呀,可他跟我说话时,极客气,十分尊重人,生怕刺伤你。即使疼得要命,他也忍着,生怕影响到我休息。不像有些人,有一点疼就不得了,能把好几个人支使得团团转……"

有一次,钱钟书家里人送葡萄来病房。陪护阿姨洗了一部分喂他,他一边吃一边看着碗。吃了一小部分后,说什么他都不肯再吃。阿姨说:"你吃啊,还有这么多。"原来他不肯再吃,是想留下一些让阿姨吃,让她也尝尝鲜。阿姨说没洗的还有好多,他才"哦"了一声,再开始吃。后来,每次不管吃什么,他都这样。

一天,钱先生闭着眼睛躺在病床上。阿姨以为他睡着了,就和进来查房的护士小声地聊了一会儿。护士问阿姨为什么从外地来北京的医院当护工,阿姨说家里穷,正在盖房子,需要钱。当时,在北京做医院陪护的,一个月最多只挣五六百块钱。

当天下午,钱钟书的夫人杨绛来医院。钱先生忽然问她要钱,他说:"我要3000块钱!你给我带3000块钱来!"杨绛觉得有些奇怪,便问道:"你躺医院里,要钱干吗?"钱先生顿了顿,忽然用家乡话与杨绛说起话来。陪护阿姨当时在场,由于听不懂他们说的家乡话,所以没在意他们说钱的事。

第二天,杨绛再来医院时,拿了3000块钱给阿姨。阿姨惊奇地问:"干吗给我钱?"杨绛指了指钱先生笑道:"他听说你家在盖房子,怕你缺钱,叫我拿来给你的。"

阿姨叙述这件事时，一脸感激地说："哎呀，我当时都不知说什么好，他是那样有心的一个人！我知道他们不会叫我还钱的。钱先生去世后，杨先生又另外给了我4万块钱。他女儿也极好，平时怕我为省钱不吃饭，每次来都大袋大袋地带许多食品来，都是在大商场买的。她说外面卖的怕不干净。可惜她那么早去世了……"

△**点石成金：**

人们都希望自己能得到别人的关怀和友爱，但又常常因为种种的原因而不去首先给予别人关怀和爱，这不是聪明人的做法。因为爱是相互的，正是由于钱钟书先生对陪护阿姨好，阿姨才会真心地感激和爱戴他，我们的日常生活和人际交往也一样，你希望别人怎样对待你，你就要怎样去对待别人。

# 化干戈为玉帛

叶公超在北大、清华当教授时，年轻气盛，一副绅士派头。他一直教西洋文学，吴晗、钱钟书、王辛笛、季羡林、常风、赵萝蕤等，他都教过。叶公超上课"很少早退，却经常迟到"，有时竟达15分钟之多。有一回，叶公超又迟到了，调皮的学生们就悄悄地与他捉起了迷藏，他们从教室两侧的楼梯偷偷溜走了，制造不上课的假象。叶公超进了教室后,明白了,但是也见怪不怪。等同学们都聚齐时,他便以自嘲式的口吻调侃学生:"我上趟上课来得不慢,你们却走得更快。"他是绝对的自由主义者,教学原则是熏陶,他把教室当作师生切磋学术的场所。"要来便来,不来不勉强"。因为他的课有魅力,来的人总是相当地多。

叶公超在某校任教时,他家的隔壁住着一家美国人。那家有个十来岁的小男孩,非常顽皮,经常翻过墙来骚扰叶公超的正常生活;有时候还搞个恶作剧,令人防不胜防。叶公超不胜其烦,多次出来制止这个小家伙。但小男孩非但不听,反而恶语相向。于是一大一小就对骂起来,说的都是美国脏话。一次,两人正骂得不亦乐乎时,小男孩的父亲听到声音赶了出来。正巧听到叶公超正在厉声大骂:"I'll crown you with a pot of shit!"(我要把一桶粪便浇在你的头上!)那位家长慢步走了过来,并没有发作,而是问叶公超:"你这一句话是从哪里学来的?我有好久好久没有听见过这样的话了。你使得我想起我的家乡。"叶公超是在美国读完中学才进大学的,所以美国孩子们骂人的话他都学会了。他曾说过,学一种语言,一定要把整套的咒骂人的话学会,才算彻底。就是他这一句"大粪浇头"的脏话,使得邻居和他从此成了朋友。

## △点石成金:

人与人之间难免会有一些摩擦和磕磕碰碰,当冲突发生的时候,我们不应该用谩骂或者武力的方式来解决问题,最好的方法是心平气和地化敌为友,化干戈为玉帛。用一个微笑去化解一段恩怨总比用武力去制造一场战争要好得多。

## 言传身教

1936年2月29日夜,数千名军警闯入清华校园,按黑名单大肆搜捕学生。但名单上的学生领袖很显然已经被师生掩护起来,军警一个也没抓到,只抓走了数十名无辜的同学。部分同学怀疑军警手中的名单是教务长潘光旦提供的。军警撤出清华园不久,一群学生在科学馆门前围住了他。

一名同学激动地问他:"名单是谁送给军警的?"潘先生情急之下难以辩白,竟说不出话来。愤怒的学生夺下他的拐杖,狠狠地扔在地上。潘先生用一条腿边站边跳以保持平衡。二年级的林从敏与方锯成还比较冷静,从左右赶紧扶住了他,拾起拐杖。部分同学仍怒不可遏地围在旁边呼喊,但并没有动手殴打。

梅校长闻讯匆匆赶来,看见潘先生衣冠不整,头发凌乱,还在勉强笑着,忙扶着潘先生站到礼堂台阶上。梅校长一身灰色长袍,立在潘先生身旁,面对几百名同学,有半分钟一言不发,显然是在尽量抑制他的愤怒。

人群中呼喊推打的同学一见校长的脸色,都安静了下来。终于,梅校长缓缓地说:"在清华竟出现这样野蛮的行为,我万分痛心,你们一定要发泄闷气的话,来打我校长好了。我以校长的身份来处理这件事,自然有公平的办法。"同学们自知行动过分,都一言不发,默默地望着梅校长扶着蹒跚的潘先生走进科学馆。

△**点石成金:**

梅校长用自身的行动教会了学生们一个道理:无论遇到什么情况,自己必须保持冷静,不要不分青红皂白地冤枉别人,更不能在没有了解事实真相的情况下做出某些野蛮的举动。这是做人的一个基本道理,不要盲目冲动,冲动容易暴躁伤身体,更容易伤害他人、制造遗憾和祸端。

## 惜将爱才的联大教授

联大教授都很爱才,罗常培先生说过,他喜欢两种学生:一种,刻苦治学;一种,有才。他曾经介绍一个学生到联大先修班去教书,叫学生拿了他的亲笔介绍信去找先修班主任李继侗先生。介绍信上写的是"……该生素具创作夙慧……"。一个同学根据另一个同学的一句新诗(题一张抽象派的画的)"愿殿堂毁塌于建成之先"填了一首词,作为"诗法"课的练习交给王了一先生,王先生的评语是:"自是君身有仙骨,剪裁妙处不需论。"

叶企孙爱惜学生更是出了名的，直到今天他那些已是白发苍苍的学生谈起当年叶老师对他们的关爱时，总是老泪纵横唏嘘不已。王淦昌回忆道："我和叶先生是同时进清华的，他当先生，我当学生。叶先生非常关心学生，我当时经济困难没钱回家，叶先生就给我钱让我回家。"

在西南联大的时候，有一天，叶企孙讲完气体动力论课后，约学生去昆明的圆通公园茶社举行茶话会，他先让学生坐下喝茶，说他暂时出去一下，半个多小时后夹着两大包糖果糕点慢慢地走来了。那时昆明物价飞涨，教授们的生活也十分清苦，常靠变卖衣物和制作一些东西出售以补贴工资的不足。大家没料想到他会去买这么多东西，而且那时他已是五十多岁的人了，还不舍得让青年人去跑腿。

20世纪60年代初的三年困难时期，国家为了照顾著名学者，给他们"特供"一些牛奶，叶企孙也是其中之一。但是，当他看到自己所教班级的学生有人患浮肿时，就把这些学生叫到住处，将自己的牛奶"勒令"学生喝下去，他说："我没有什么可以帮助你们的，但这点牛奶你们一定要喝下去。"

叶先生给学生批改作业及试卷时特别仔细，若发现特别的学生他便记下这个学生的姓名，以后便经常约见谈话鼓励，进行个别指导。在叶先生的遗物中，人们发现了一份珍藏极好的试卷。那是三张已泛黄的纸，抗战时期由昆明出产，纸质极差。那是西南联大学生李政道的电学试卷，由叶企孙批改打分，正是这次考试后，李政道被破格推选去美国读博士学位，而十年之后他成了诺贝尔奖获得者。

△**点石成金：**

人才的培养是一个长期而艰巨的过程，需要付出很多的时间和心血。社会的进步与发展都是由众多的人才努力完成的。因此，人才作为社会前进的推动者理应受到尊重，得到一定的保障，对人才的关爱便是对社会的关爱。

## 只不过是一个误会而已

有一次，向觉明拉钱钟书同一些中国同学见面。在座谈中，钱钟书好像没有什么话，他只拉向觉明在一起，大谈一位法国女作家的书札集如何机智有趣。这位女作家是17世纪的瑟维叶夫人，她在路易十四时代同一位侯爵结婚，做了侯爵夫人。侯爵不久就与人决斗死了。她在守寡期间曾给亲戚朋友写了不少信，现在留下来的还有一千七百多封。信的内容大都是写当时法国宫廷中的琐事，但从其中可以看到不少当时法国上层社会的风俗人情。向觉明没有读过这部书，但他记得当时钱钟书只顾得同他大谈瑟维叶夫人，而置大家于不顾。那时向觉明常去巴黎游玩。巴黎当时有一个很有名的歌舞剧院，叫作"红磨坊"（Monlin Ruge）。

在那时常听到台上唱的一个流行歌曲,头一句唱词就是"Tous va trei bien,madaml la manquise"（一切都会很好,侯爵夫人）。他每次听到这个唱词,就想起钱钟书在牛津的那次高谈阔论,大谈瑟维叶侯爵夫人的情景。其实钱钟书是个书呆子,整天沉醉于书堆之中,置一切于不顾。当时并不完全是有意不理大家,拿外文书来唬人,实际上是他从来不善应酬,除了谈书本以外也没有别的话可以说。可是往往因为这个原因不少人就误认为他爱摆架子,看不起别人。

### △点石成金：

人际交往中的摩擦和不愉快有相当大一部分是因为误会引起的,因为我们都习惯去按照自己的想法去推测别人,这就导致了对他人行为和想法的扭曲和误解。因此,在交往中有必要加强彼此间的沟通和交流,尽量避免误会的发生。

# 以其人之道，还治其人之身

金岳霖先生是著名的哲学家和逻辑学家。他的《论道》和《知识论》融合中西哲学,开创了自己的哲学体系,特别得到同行推重。冯友兰誉之为"道超青牛,论高白马",认为他比骑青牛出函谷关的老子和论"白马非马"的公孙龙还要高超。他写成于 20 世纪三四十年代的《逻辑》大著，更是中国逻辑学的扛鼎之作。

20 世纪 50 年代初，金岳霖当时任清华大学哲学系教授，系里请来艾思奇做报告，由金先生主持。艾思奇讲马克思主义辩证法，报告开始即称：我们讲辩证法，就必须反对形式逻辑；形式逻辑是形而上学，必须与之做坚决斗争。

报告结束了，金先生总结发言道：听报告之前，我就晓得艾思奇同志反对形式逻辑，是要与之做坚决斗争的。我本想和他斗一斗、争一争，但听了他的报告后，我完全赞同他所讲的话。他讲的完全符合形式逻辑，我也就用不着和他斗，和他争了。

金先生以子之矛攻子之盾，使得大讲斗争哲学的艾思奇无言以对。

## △点石成金：

与人辩论的时候，有一种好的方法便是在坚守自己立场的基础之上"以其人之道，还治其人之身"，用对手的矛来攻对手的盾，这样既能让双方都不至于扯破脸皮，又能让对方的论证在你的智慧面前不攻自破。如果能做到这一点，对方必将无言以对，并由衷地叹服你的聪明才智。

# 对事不对人

1940年,日寇频频空袭昆明。位于府甬道的清华单身宿舍,离清华办事处西仓坡不远,大约有十几位清华工作人员住在这里,有一位工友帮助管理。这么多人住在这里,晚上没有事情可以做的时候,便聚集到客厅里下棋,后来便打起麻将来,而且越玩兴致越高。每晚只要有四个人围着桌子一坐下来,马上就有一圈人围上来,几乎所有住在这里的人都来凑热闹,参战者有之,助威者有之,出谋划策者有之,评头品足者有之,喧哗嘈杂,灯火通明,常常玩到半夜。

由于是单身集体宿舍,大家都比较随便,各房门基本都开着,连大门也敞开,久而久之就出了事。一天,大家玩兴正浓,一位姓毕的先生突然放下手中的牌,站起身来,一声不响地走回房间。一进门,立即扑向床头,迅速从枕头下抽出一只手枪,转过身来,大喝一声:"什么人?站出来!"没有动静。他走到门口,猛地拉开门板,后面露出一个小偷。毕先生上去一把扭住他的胳膊,"抓贼呀!"一声吼,大家一起跑了出来,把这个小偷着着实实地收拾了一顿。

府甬道打麻将闹了贼,这消息很快就传了出去,被潘光旦听到了。他作为司务长对于这件事不能坐视。但是如何制止这件事呢?他思考了一会儿,写了一封信贴在府甬道清华单身宿舍里面的门柱上。信的抬头称姚、李几位先生为"诸生",大意是:听说你们近来晚上常常打麻将,经常打得很晚,这样不好,希望你们停止。接着话锋一转:其实打牌玩麻将没有什么不好,偶尔娱乐一下也不错。我也喜欢打麻将,平时偶尔也玩一玩,只是应当找个合适的时间玩。接着话锋又一转:如果各位有兴趣的话,不妨找个礼拜天,到我家一起打麻将,如何?下面署名潘光旦。

这封信贴出后,府甬道宿舍从此不闻麻将声,又恢复了往日的宁静、祥和。

## △点石成金:

善于处理人际关系的人都有一个共同点,那便是:对事不对人。他们既能站在一个较为客观的角度针对事情本身指出其错误或不足之处,又能巧妙地为事件中的人保全面子,让他们心中惭愧,从而自觉地反省和改正。

## 第十一辑
# 绽放美好的情感人生

亲情、友情、爱情，是人类生活中永远鲜活生动的话题，在清华园中，很多名人的情感故事堪称人间绝唱。这些故事中蕴含着他们对于个人价值的苦苦求索，对于情感的深透体会和对人生的独特认识。金岳霖苦恋林徽因，陈寅恪与吴宓的灵魂之交、季羡林对故乡的思念，都是绝好的例证。

## 爱的真谛

毕业于清华大学的钱三强成了名人之后,对子女的要求还是非常严格,他教育孩子们在生活上要低要求,学习上要高标准。他用周总理"活到老,学到老,改造到老"的名言教育孩子,说"周总理的这个思想,无论对客观的知识,还是对主观的个人,都是极其深刻的"。在他的带动下,钱三强全家上下好学成风。人们平时踏进钱家门槛,都会不由得放轻脚步、压低嗓音,因为这个家里的每个人不是在看书,就是在写作,或者在听外语广播,没有一个是无所事事的。

钱三强夫妇工资收入比较高,可他们对孩子在生活上的要求却很严格。1968年,小儿子钱思进到山西新绛县插队,生活上遇到不少困难,写信向父母诉苦。钱三强回信教育儿子:"你大了,不能总依靠父母,要独立生活,学会自己走路。"

于是钱思进便发愤学习,在农村不管每天劳动多累,都坚持在小油灯下自学到深夜。1972年,他终于被推荐到清华大学化工系学习。钱思进请求爸爸出面替他说话,帮他转到物理系。钱三强不同意用他的"牌子"来满足儿子的要求。于是,钱思进听从父亲的教诲,抓紧业余时间自学物理,1978年,他通过考试,被录取为中国科学院理论物理研究所研究生。

钱思进上大学后,依然穿一身洗得发白了的蓝布衣服,脚穿布鞋,背一个旧帆布书包。有人劝钱三强不要对孩子太"抠"了,钱三强却说:"钱多了,对孩子没好处,反而会成为他们的包袱。从我自己的亲身经历来看,靠父母是不行的,要学会自己走路。"

△ **点石成金:**

什么是爱?爱不是一味地去保护、怕自己所爱的人受到外界一点的伤害而让他失去与外界接触的机会;爱也不是一味地溺爱,将所有的事情都替所爱的人来担当;爱更不是一种纵容,因为爱,所以爱他所有的错。真正的爱是让你所爱的人独立,帮助你所爱的人去成长,与你所爱的人一起经历风雨的洗礼。

## 人生无处不浪漫

吴宓与他同时代的文化保守主义者不同的地方在于,他是一个雪莱式的浪漫主义者。在这一点上,他与创造社的郭沫若、新月社的徐志摩相通。他爱过多个女人,但绝无亵渎之心,他视爱情为神圣,还曾将自己所爱的女人及写给她们的情诗披露报端。这种惊人的坦诚为庸人所骇异,成为三流小报的热门话题。但吴宓却在众人的讪笑之中,将自己的爱情升华到宗教的境界。东方"海伦"的所指已经变得不重要,她的"所指"已升华为人生一切美好理想的象征。"道心重系千钧发,情网柔索万缕丝。"吴宓通过个人的"道心"与"情心"的相荡相激,实现了"情道相通",犹如意大利诗人但丁笔下的俾雅丽德,既是情人又是天使。宗教、爱情和艺术在极境上融合为一。吴宓对"情道相通"的思考,反映了20世纪中国知识分子在忧国忧民的传统意识与个性解放的西方思潮夹击下的两难困境及试图"会通"中西文化而创造理想王国的努力。

△**点石成金:**

吴宓能够将爱情升华到宗教的境界,升华为人世间一切美好理想的象征,说明他确实拥有了一种诗人般的浪漫情怀。是的,爱情是一种美好的生命体验,是世界上亿万种美丽事物中的一种,它表现了人对生活的挚爱,与其他一切形式的丑恶与占有无关。

## 问世间情为何物

真正懂得爱情的是金岳霖先生,他对林徽因的痴恋可谓是"三洲人士共惊闻"。

梁思成与林徽因经常在北海快雪堂松坡图书馆读书约会,徐志摩也常凑过去和他们聊天,梁思成不愿受到骚扰,于是在门上贴了一张纸条,大大地写着"Lovers want to be left alone"(情人不愿受扰）。林徽因与梁思成夫妇向来坦诚相待，一次她十分苦恼地告诉丈夫，自己同时爱上了两个人，不知该如何取舍。梁思成听到这番话，内心颠簸，终夜苦思，第二天一早眼圈晕黑，决定把抉择权完全交给妻子。他对林徽因说："你是自由的，如果你挑选金岳霖，我将祝你们永远幸福！"林徽因将梁思成的这番话说给金教授听，大逻辑学家面对千载难逢良机，选择弃权："看来思成是真正爱你的。我不能去伤害一个真正爱你的人。我应该退出。"

林徽因、梁思成夫妇家里几乎每周都有沙龙聚会，金岳霖始终是梁家沙龙座上常客。他们文化背景相同，志趣相投，交情也深，长期以来，一直是毗邻而居。金岳霖对林徽因人品才华赞羡至极，十分呵护；林徽因对他也是十分钦佩敬爱，他们之间的心灵沟通可谓非同一般，甚至梁思成与林徽因吵架，也是找理性冷静的金岳霖仲裁。

汪曾祺在他《金岳霖先生》一文中讲道：金先生对林徽因的谈吐才华，十分欣赏。现在的年轻人多不知道林徽因。她是学建筑的，但是对文学的趣味极高，精于鉴赏，所写的诗和小说如《窗子以外》《九十九度中》风格清新，在当时是独一无二的。

林徽因死后金岳霖仍旧独身。有个金岳霖钟爱的学生，突受婚恋挫折打击，萌生了自杀念头。金岳霖多次亲自去安慰，苦口婆心地开导，让那学生认识到：恋爱是一个过程，恋爱的结局——结婚或不结婚——只是恋爱过程中一个阶段，因此，恋爱的幸福与否,应从恋爱的全过程来看,而不应仅仅从恋爱的结局来衡量。最后,这个学生从痛不欲生的精神危机中解脱了出来。

林徽因死在同仁医院,就在过去哈德门的附近,时年51岁。

亲朋送的挽联中,金岳霖的别有一种炽热颂赞与激情飞泻的不凡气势。上联是:"一身诗意千寻瀑",下联是:"万古人间四月天"。此处的"四月天",取自林徽因一首诗的题目《你是人间四月天》。这"四月天"在西方通常指艳日、丰硕与富饶,金岳霖"极赞"之意,溢于言表。金岳霖回忆追悼会的情景说:"追悼会是在贤良寺开的,我很悲哀,我的眼泪没有停过……"

林徽因死后,有一年,金先生在北京饭店请了一次客,老朋友收到通知,都纳闷:老金为什么请客?到了之后,金先生才宣布:"今天是徽因的生日。"

金岳霖自始至终都以最高的理智驾驭自己的感情,他终生未娶,爱了林徽因一生。

△**点石成金:**

金岳霖先生是一个真正懂爱情的人:爱情意味着无悔的付出、自我牺牲以及恒久的忍耐精神。最深的感情一定伴随着最高的理智,它不是一时的冲动,也不是贪婪的享受,更不是自私自利的占有。

# 顾毓琇的赤子深情

顾毓琇是清华大学著名的机电系教授,他是一个非常注重亲情的人,他还写过一本关于亲情的小说,书名便是《我的母亲》,由此可见顾教授对母亲的那份赤子深情。

这本书按现代的说法,应属于纪实小说一类。书中叙述作者母亲的种种好处,直到因患当时难医治的血崩经抢救无效而去世。书中最让人感动的地方便是详述了在母亲去世后年轻的顾先生极其悲痛的情景。那时,顾先生常做梦,在梦中还改编了几句唐诗,大致是:

月落乌啼霜满天,

梦魂不许相周旋。

亲恩未报身先死,

常使儿曹泪满襟。

书中最后写到年轻的顾先生去学校上课,在课堂上,老师在讲了些什么之后,最后说道:"可惜我的母亲已经去世了!"顾先生当即站起来也说:"我的母亲也去世了。"说罢,师生两人就在教室中抱头痛哭起来。这就是这本书的结尾。

△点石成金：

亲情是这人世间至真、至善、至纯的感情，我们从出生便活在亲情那无私而伟大的爱的包裹之中。父母对于自己的孩子从来都是毫无保留地付出与给予，而我们作为子女的更是应该对父母的爱表示感谢并尽全力去回报，千万不要等到没有机会的时候才后悔莫及。

## 人生难得一知音

人生总要交友，这是不足为奇的，但如吴宓与陈寅恪这般长达五十年之久、情同管鲍般的师友风谊，恐怕是历史上所罕见的。陈、吴是在哈佛相识的，继而清华共事、联大流亡、燕京授业，即使在南北暌隔之后依然保持着书信联系。如果说前二十几年主要是学问上的切磋、事业上的联手的话，后二十几年，即陈寅恪目盲足膑、吴宓情亡道损之后，二人则如"同是天涯沦落人"，虽远隔万里仍相互牵挂，而目的仍在于坚持他们毕生追求的文化理想。据吴宓日记载：在1969年陈去世后，吴宓仍于梦中与老友交流思想。钟子期死后，伯牙不过是摔碎了自己的瑶琴，而吴宓却仍在梦魂中与知音萦绕在一起，两情依依乃至于此！究竟是一种什么神奇的力量使两个性格迥然不同的心灵结成一体？这是令人掩卷后不能不思索的。

20 世纪 20 年代初，朱自清在上海、江浙一带教书时，认识了一批真正称得上是志同道合的朋友，如叶圣陶、郑振铎、夏丏尊等。他们都是江浙人，有着江浙知识分子特有的理性和宽容。像朱自清一样，他们都是新文学的热心鼓吹者，写得一手漂亮的白话散文。他们接受过"五四"新文化的洗礼，但传统文化的根基也很深，无论对中西之学，都采取平和的一视同仁态度。大概都不曾出洋留学，因此与土地的关系比较密切，他们身上没有一般自由知识分子的那种精英气，而是多了一股源于本土的平民气息。他们体现出来的人格更是一种传统儒家的君子人格，追求的是"精神世界的自然和谐、个性气质的恬淡平易、人格建树的稳定完美"。

朱自清无论从文化个性还是精神气质来说，都与叶圣陶等人十分默契，他与他们几乎是一见如故，并成为终身的挚友，而且在风云变幻的几十年的岁月中，始终保持着差不多同步的人生轨迹。

## △点石成金：

茫茫人海，找一个朋友容易，获得一个知己却很难。知己是和我们同心合契、共创奇迹的那个人；知己是同我们和谐相处、分享成果的那个人。常言道："人生得一知己足矣。"知己是生命的另一半，是人生项圈上那颗最耀眼的钻石。

# 良师益友情可贵

王国维和罗振玉都是举世公认的国学大师,但在一开始,罗振玉发现王国维却完全出于一次偶然。

1896年,罗振玉在上海组创学农社并设立农报馆,编辑出版《农学报》,需要聘用翻译人员,以便把欧美及日本的农科书籍和农学书报介绍到中国来,于是于1898年6月以私人资本在上海新马路梅福里开设东文学社。

据罗振玉的外孙刘蕙孙讲,戊戌年正月初二,罗到《时务报》馆给馆主汪康年拜年,进门以后,一看没人,于是便一直走到楼上,见一小房间里有个人,桌上放一包花生米,摊着一本书自己倒酒自己喝,不觉有点奇怪。进房一看,其人读的是《文选·两都赋》,喝的是绍兴酒。便觉得有些奇怪,于是便进来问询,那人立刻站起来并让他坐,原来是《时务报》校对员海宁人王静安(王国维字静安),两人便坐着聊了起来,觉得此人才华和学术修养都不凡。然后又看到他为其友撰题的扇面上有咏史绝句,其末句为"千秋壮观君知否,墨海西头望大秦",乃"大异之",认为他确有过人之才,于是劝他入东文学社,并说王国维有秀才功名,可以直接进入师范班。又说,他身为公学监督,愿助一臂之力。王问:"我靠什么生活?"罗于是问清楚了每月工资30元,遂说:"你去读书也可以,我在《农学报》馆给你挂个名,闲时写写文章即可,月薪40元,则家用及本人生活都可以维持了。"王于是到东文学社学习。那年王国维才22岁,他后来能够成为大学者,跨进东文学社门槛这一步,实在是一个关键的契机。王国维非常感激,当年曾写诗以"匠石"隐喻罗振玉:"匠石忽顾视,谓与凡材殊。"

1911年11月,两人一起东渡。在这之前,王国维的兴趣本来在西方哲学,到这时忽然转向了国学。据刘蕙孙回忆,这也是罗振玉力劝王国维的结果。

△点石成金:

良师益友就在我们身边,他们看似平凡普通,却在你的生命中发挥了很大的作用。他们向你传授知识和智慧,锻造你的人格,帮你指点错误,教给你方法,为你指引方向,使你进步得更快,这对你而言是一股很大的力量。

## 月是故乡明

漫长的岁月中,季羡林总是牵挂着家乡的父老乡亲,对故乡的思念从未停止过。当年他留学刚到德国哥廷根不久。一天,他在日记里写道:"我现在还真是想家,想故国,想故国里的朋友。

我有时甚至想得不能忍耐。"他在1989年11月写的《月是故乡明》一篇散文中，用在世界上不同国家、不同环境下看到的月亮，同故乡的月亮做了比较，他说："看到它们，我立刻就想到我故乡中那个苇坑上面和水中的那个小月亮。对比之下，无论如何我也感到，这些广阔世界的大月亮，万万比不上我那心爱的小月亮。不管我离开我的故乡多少万里，我的心立刻就飞来了。我的小月亮，我永远忘不掉你。"

他在《人间第一爱》这篇短文中写道："我一生走遍了大半个地球，不管到了什么地方，只要想到我那可怜的母亲，眼泪便立即潸潸涌出。一直到了今天，还常有夜里梦见母亲哭着醒来的情况。"其实，故乡里的一草一木，小时候认识的每一个人和知道的每一件事，他都忘不掉，这些经常出现在他的梦中和他所写的优美散文中。

季先生真诚地关心着自己的故乡。他对故乡的穷困忧心如焚，他也对故乡的每一点进步和每一件美好的事物由衷地赞美。他知道，建国以前故乡是山东省最穷的一个县中的最穷的小村，这种状况即使到了20世纪70年代也没有得到根本改变。他曾经说过："一想到自己的家乡的穷困，一想到中国农民之多之穷，我就忧从中来，想不出什么办法，让他们很快地富裕起来。我为此不知经历了多少不眠之夜。"他经常向见到的临清人打听故乡的收成情况。他看见天旱就为故乡人民着急，听见下雨就充满欢喜，他说："我是乞借春雨护禾苗。"季先生就是这样，时时刻刻关心着家乡的收成，日日夜夜企盼着故乡人民尽快富裕起来。

1982年9月，季先生回到了故乡。当他看到实行家庭联产承包责任制以后的故乡人民"陡然富了起来""浓烈的幸福之感油然传遍了全身"，他情不自禁地写道，"我觉得自己的家乡从来没有这样可爱过。"

他总结说，这次回故乡，"真是闻所未闻，见所未见；所见所闻，触目快意。"

△**点石成金：**

所谓"月是故乡明"，每一个人的内心深处都有一个非常柔软的地方，在那里珍藏着一份浓浓的乡情。不管我们身在何方，内心始终都有一扇窗永远向着生我们、养我们的地方敞开，我们的身上也会带着故乡给我们打下的深深的烙印。是的，无论身在何方，我们永远无法割舍那份对故乡的思念。

# 闻一多的七子之歌

1925年5月闻一多踏上回国的旅程。轮船驶进吴淞口后，望着祖国初夏的满目苍翠，闻一多突然脱下西装上衣解下领带扔到江里，然后走进他的"如花的祖国"。然而20世纪20年代的祖国向诗人展示的不是鲜花遍地，而是山河破碎、哀鸿遍野。

他正赶上伟大的"五卅"爱国反帝运动的高潮。闻一多将原本为留美同仁所办《大江》杂志上的《七子之歌》等诗篇提前发表在《现代评论》上,并有跋语写道:"这是许多年来到国外旅行因受尽帝国主义霸气而喊出的不平的呼声",希望"在同胞中激起一些敌忾,把激昂的民气变得更加激昂"。《七子之歌》将七块被帝国主义掠去的土地比喻成失去母亲的儿子。"澳门"即是第一首。

"你可知 Macau,不是我真姓/我离开你太久,母亲/但是他们掳去的是我的肉体/你依然保管我内心的灵魂/三百年来梦寐不忘的母亲啊/请叫儿一声乳名:澳门/母亲!我要回来,母亲!"

《七子之歌》所饱含的悲愤、孤苦、企盼之情,至今仍是那样感人肺腑、撼人心魄。在澳门回归之际,仍如当年一样拨动了无数中国人的心弦。

## 第十二辑
# 心怀博大的人文情怀

清华是世界一流的大学，它的可贵之处不仅在于其重大的科学贡献，更在于其永远站在人文关怀的角度，始终关注人的自由、全面发展，关注人本身的精神需要。梁思成先生的"走出半人时代"，既是在当时的历史情境下提出的现实问题，也能够为今天我们"以人为本"和"人的全面发展"提供有益的参考。

## 考虑到祖国的荣誉

1914年,马约翰应聘到清华大学任教,当时他的想法很简单:清华每年要送100名学生去美国学习,被送的学生在身体方面也应该像样一点,不能把帝国主义蔑视中国人的所谓"东亚病夫"送过去。马约翰的建议受到了学校当局的重视,清华在体育设施方面很快就有了很大的改进。当时,马约翰动员学生重视体育的目的,还仍然停留在朴素的爱国主义层面。他说:"从我来说,我主要是考虑到祖国的荣誉问题,怕学生出国受欺侮,被人说中国人就是弱,就是'东亚病夫'。因此,我常向学生说,你们要好好锻炼身体,要勇敢,不要怕,要有劲,要去干,别人打棒球,踢足球,你也要去打、去踢,他们能玩什么,你们也要能玩什么;不要给中国人丢脸,不要人家一推你,你就倒;别人一发狠,你就怕;别人一瞪眼,你就哆嗦。中国学生,在外国念书是好样的,因此我想到学生在体育方面,也不要落人后,要求大家不仅念书要好,体育也要棒,身体也要棒。"

但当时的实际情况是:清华的学生中普遍存在着只重视读书而轻视甚至是忽视体育的倾向,大多数人不仅没有进行体育活动的良好习惯,就是正式的体育课也不大愿意参加。为了扭转这种局面,学校曾不得不采取某些强制锻炼措施,例如,规定每天下午4点到5点，所有学生都必须到室外进行体育活动，并且将图书馆、教室、宿舍统统锁上，不让他们留在室内。但就是这样规定也仍然有不少人虽然离开了教室和宿舍，却躲到树林或是其他一些僻静的地方去看书或休息。这时候，马约翰便到处去搜寻学生，动员他们去跑、去跳、去打拳、练剑，等等。在马约翰和各有关人士的支持下，学校还规定学生必须在体育方面达到一定标准才能毕业，才能出国留学。这一规定对于清华体育的发展起了很大的促进作用。

△**点石成金：**

人才的发展不应该是片面的单方向发展，而应该是全面发展。一个智商高而身体素质差的人，终会因为身体的原因无法在自己擅长的领域继续前进，从而在无形之中造成一种巨大的损失。要知道，一个爱自己的人才会懂得去爱别人、爱国家。

# 季羡林拍公益广告

在一则以"尊师重道、薪火相传"为主题的公益广告片中，季羡林先生充满感情地怀念他的母亲和他的老师们——胡也频、胡适、陈寅恪、汤用彤、冯友兰、朱光潜，还有他的德国老师……

季羡林先生说："科技发展，本来靠理工科，不过你没有中国文化的基础、世界文化的基础,对将来的发展就会有限制。有中国特色的社会主义主要表现在什么地方?还是得有文化基础、文化底蕴。我们现在对人文科学的重视不太够。"季先生说:"中国人讲'己所不欲,勿施于人'。如果能做到的话,那国家也能安定团结,世界也能和平。"

公益片的导演张会军说:"现在的公益广告还没有纯粹反映中国传统文化的东西。人们会反思中国在世界上靠什么立足的问题。我们想用象征的手法,主要是用季老的形象和动作来表现,不用现代的动画,实拍才最能体现人文关怀。"

△点石成金:

要有"中国特色"就必须有中国自己的作风、气派和文化底蕴,要建设"和谐社会"也首先要实现人的和谐,而所有这些都需要通过文化建设和人文关怀来实现。做不到这一点,即使科学技术高度发达,社会也极有可能危机四伏。科技不能从根本上解决人类的一切问题,科技与人文并重,社会才能和谐发展。

## 爱国忧民的华罗庚

华罗庚从小就爱国爱民,胸怀大志。抗战刚开始,出于民族大义,他便放弃了留在英国继续做研究工作的机会,毅然回到中国昆明。新中国成立不久,他又毅然放弃了美国的优厚待遇回国。

抗日战争时期,后方贪官奸商横行,华罗庚十分气愤,毅然写道:"寄旅昆明日,金瓯半缺时,狐虎满街走,鹰鹯扑地飞。"当得知闻一多被暗杀后,他心中交织着强烈的爱和恨,写道:"乌云低垂泊清波,红烛光芒射斗牛,宁沪道上闻噩耗,魔掌竟敢杀一多。"

1946年,华罗庚应邀去美国讲学,并被伊利诺大学高薪聘为终身教授,他的家属也随同到美国定居,生活十分优裕。当时,许多人认为华罗庚不会回来了。但新中国的诞生,牵动着热爱祖国的华罗庚的心,他立即着手做归国的准备。1950年2月,华罗庚一家横渡太平洋归来了。途经香港时,他写下了《致留美学生的公开信》,"梁园虽好,非久居之乡,归去来兮!"他呼吁留学生们,"为了抉择真理,我们应当回去;为了国家民族,我们应当回去;为了为人民服务,我们应当回去;就是为了个人出路,也应当早日回去。"

## △点石成金:

一个具有人文情怀的人不仅仅懂得关爱自己,更懂得去关爱他人、关爱国家、关爱天下,他们往往都心怀博大,将自己的关爱给予身边的一切事物。常常是"先天下之忧而忧,后天下之乐而乐",心中时刻都装着世间的万物。是的,在天地万物间,人因"博大"而"伟大"。

# 走出半人时代

梁思成于1948年有一讲演,标题是"半个人的时代",谈文、理结合问题。距离大师的讲演又过了半个世纪了,但这个标题依然发人深省,因为我们还没有走出"半个人时代",而且,从世界范围讲,人的发展却更加畸形化了。

爱因斯坦说过,科学技术只能告诉我们"是什么",却不能解决"应当怎样"。科技只能解决是非而不能给人以"价值"判断。"价值"判断需要另一个源泉——人文社会科学。科技与人文分离的结果,就两个极端而言,出现了两种畸形人:只懂技术而灵魂苍白的"空心人"和不懂科技、侈谈人文的"边缘人"。

早在20世纪初,一些西方著名大学(如哈佛、MIT)就注意克服这种片面性,探索文理汇通之路。他们虽然未必能达到拯救西方的目的,但他们的经验却对我们有益。

清华大学在50年代成为理工科大学,由于学校重视社科教育和校园文化建设,在一定程度上弥补了培养人的缺陷。80年代以来,大量人文选修课的开设和文科学院的建立又把50年代的经验向前发展了一步。文理嫁接的二学位(工学士加文学士)模式是一种具有战略意义的创新,有可能为"走出半人时代"探索新路。到了21世纪,只懂科技不谙人文,或只懂人文不谙科技的"人才"将不可再成为"大师"。未来的大师将产生于文理会通。

△**点石成金：**

　　文科和理科就如同是一个人的左膀右臂，必须同时都拥有才是一个正常而健康的人。因此，片面地发展其中任何一方面都是存在巨大缺陷的，没有理科素质的文科人才只能是没有实用价值的花瓶，而没有文科素质的理科人才也只能是缺乏灵魂的机器。

# 中国数学的幸运

　　陈省身和华罗庚，是中国现代数学史上的两位巨人。他们年龄相仿，但生活的道路却截然不同。华罗庚出生于 1910 年，比陈省身年长一岁。1930 年陈省身考取孙光远先生的硕士研究生，进入清华。第一年因研究生人数太少没有开课，就先做算学系主任熊庆来的助教。次年，熊庆来传奇式地邀请华罗庚来清华，任算学系的助理员。

　　20 世纪 30 年代的清华大学数学系群星灿烂，他们两人构成明亮的"双子星座"。经过几年的学习，两人先后出国。陈省身到汉堡大学获取博士学位，又去巴黎追随 E. 嘉当，读通常人难懂的"天书",攀登几何学的高峰。华罗庚则由 N. 维纳介绍去了英国的剑桥,在哈代的指导下,走到了解析数论研究的世界前沿。为了发展中国的现代数学,两人都在拼命往前跑,形成了客观上的竞争。但是,他们是竞争中的朋友,彼此尊重,终生不渝。

陈省身和华罗庚这两位世纪名人,是同行又是同事。在漫长的岁月中,社会地位、学术评价、发展机会等因素,几乎是不可避免地会有一些碰撞和冲突。如果彼此在某些环节处理稍有不慎,一个小小的摩擦,就会造成隔阂和争执,以致形成大家都不愿见到的状况。但是我们很幸运,这一切在陈省身和华罗庚之间都没有发生。

历史将会不断地证明:这是中国数学的幸运。

## △点石成金:

陈省身和华罗庚能够为了一个共同的目标而自始至终走在一起,共同合作,在共同的理想与追求的面前,他们忽略生活中的摩擦、克服人性中的弱点,从而齐心协力地为共同的事业贡献自己的力量。与很多因为争名夺利而导致反目成仇的例子相比,陈省身和华罗庚真可谓是中国数学的幸运了。